ブックレット新潟大学

夢を実現する超伝導

山口　貢・福井　聡

新潟日報事業社

も　く　じ

第 1 章　超伝導のあらまし …………………………………………　4

第 2 章　さまざまな超伝導材料 ……………………………………　21

第 3 章　超伝導線材 …………………………………………………　25

第 4 章　超電導の特徴と応用 ………………………………………　30

第 5 章　産業を革新する機器 ………………………………………　33

第 6 章　高効率と新機能を実現する電力用機器 …………………　45

第 7 章　科学に貢献する機器 ………………………………………　53

第 8 章　未来に羽ばたく機器 ………………………………………　58

おわりに ………………………………………………………………　70

第1章　超伝導のあらまし

■ 超伝導とは？

「超伝導とは、何ですか？　簡単に言うとどういうことですか？」と聞かれることがあります。その答えとしては、「特定の金属などを低温にすると電流が電気抵抗ゼロで流れる現象です」となります。まず、「電気抵抗ゼロ」ということの意味がなかなか理解してもらえないことが多いのです。そもそも、この「電気抵抗」なるものが一般には正確に理解されておらず、われわれの一般生活におけるメリット・デメリットもあまり意識されていないと思われます。電気抵抗のある金属に電流を流すと熱や光が発生します。これを積極的に利用するのが、白熱電球や電気ストーブです。これはタングステンやニクロムという電気抵抗の大きな金属に電流を流して、電気エネルギーを熱や光に変えて利用しようというものです。一方、熱を発生するということは電力損失があるということです。送電線や室内の配線、はたまた延長コードであっても、電気抵抗による電力損失は小さければ小さいほうが良く、このようなものには銅やアルミといった電気抵抗の小さい金属が用いられています。しかし、電気抵抗が小さい銅でも、直径1 mm、長さ100mの線で約1 Ωの電気抵抗を持ち、この線に10A（アンペア）の電流が流れると100W（ワット）の電力損失があります。これがさまざまなところで発生していることを考えれば、膨大な無駄があるということが容易に想像できるでしょう。

さて、超伝導というのは、図1－1に示すように、ある温度（臨界温度T_cという）以下に冷やすと本質的に電気抵抗がゼロになるものです。銅などのように電気抵抗の非常に小さい金属と比べて、これはあまり大

差ないことのように思われるかもしれませんが、このことが後に述べるさまざまなメリットをもたらすのです。

■ **超伝導の発見**

超伝導現象は、1911年（明治44年）、オランダのカマリン・オンネスによって発見されました。オンネスは低温物理の専門家で、低温での物性測定のため、より低温での実験現象を実現することに多大な努力を払いました。そして、誰も成功していなかったヘリウムの液化に1908年（明治41年）に初めて成功し、絶対温度4K（-269℃）に到達することを可能にしました。当時、低温物理の研究では「絶対零度（-273℃）まで温度を下げると金属の電気抵抗がどのようになるのか？」というテーマに対して論争が行われていました。理論家のケルビンは、「絶対零度になると電流を担う電子の動きが停止してしまうので、電気抵抗は無限大になる」と提唱していました。対してドルーデは「電子の動きを邪魔する原子核の熱振動がなくなるので、電気抵抗はゼロになる」と主張しました。また、オンネスは「不純物があると絶対零度でもゼロにならないのでは？」という意見でした。

そこで、オンネスは高純度の試料が作れる水銀を用いて電気抵抗の測定を行いました。すると、図1-2に示すように、4K近辺で水銀の電気抵抗が突然消失することを偶然発見しました。オンネスは水銀の純度を変化させるなど、数多くの検証実験を慎重に行い、電気抵抗がゼロに

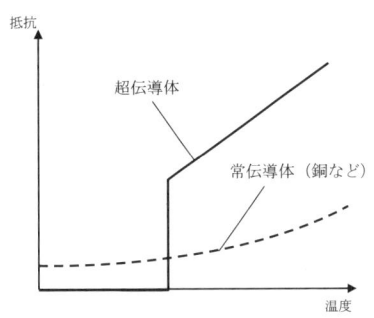

図1-1　超伝導体及び常伝導体の電気抵抗の温度依存性の概略

6

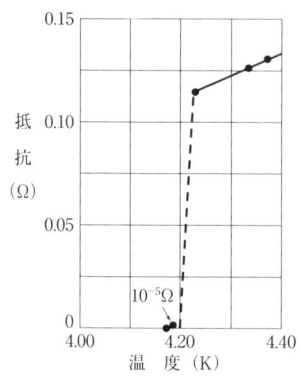
図1－2　水銀の電気抵抗の温度依存性

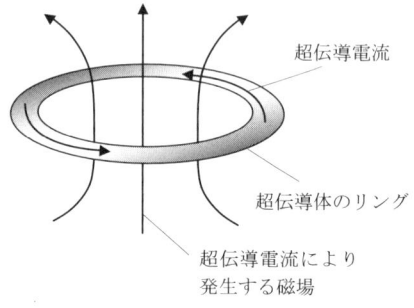
図1－3　永久電流の測定
超伝導リングに流れる超伝導電流により発生する磁場を計測することによって、超伝導電流の減衰の様子を測定できる。

なる現象が確かに存在することを示しました。これを「超伝導」と名付けました。

　ところで、「電気抵抗がゼロ」というのは測定器の感度にかかわる問題です。そのため、「測定器で検出できないほど電気抵抗が小さいだけなのか、それとも本当にゼロなのか」という質問には答えられません。その後の研究で、リング状の超伝導体に電流を流し、その減衰を調べたところ、全く減衰しないことが分かり、本当に電気抵抗がゼロであるということが証明されました(図1－3)。オンネスは、2年間にわたり電流の減衰の様子を測定し続け、それが全く減衰しなかったことを報告しています。このように、リング状の超伝導体に電流が流れ続けることは「永久電流」と呼ばれています。

■　なぜ超伝導は起こるのか？

〈電気抵抗と格子振動〉

　超伝導体では、なぜ電気抵抗が消失するのかという超伝導発現機構の

解明に数多くの研究者が挑戦しました。これに最終的な答えを与えたのが、バーディーン、クーパー、シュリーファーの3人で、彼らの頭文字をとってBCS理論と呼ばれています。

電気抵抗が消失する原因を探るためには、第一になぜ電気抵抗が発生するのかを知らなければなりません。そこで、ここでは金属（固体）内の電子の状態について考察することから始めましょう。銅などの金属がなぜ電流をよく通すことができるのかを簡単に言うと、自由に動き回ることができる電子（自由電子という）をたくさん持っているからです。例えば銅では1 cm^2当たり10^{23}個以上の自由電子があります。さてこの膨大な数の「自由」電子は、金属の中を文字通り「自由」に動き回れるのかというとそうではありません。金属の電位差を加えると、プラスの方向に電子が動き、電流が流れます。その運動の速度は10^5m/秒程度にもなり、ジェット機などは足元にもおよびません。しかし、このように高速で動く電子は、理想的に純粋な金属中でも、1秒間に10^{13}回以上、熱によってわずかに振動する金属原子核の格子（結晶格子という）と衝突し、その運動は邪魔されてしまいます。この結晶格子の振動が、金属の持つ電気抵抗の要因となりますが、温度が高くなり格子振動が激しくなると、自由電子の運動がさらに妨げられるので、電気抵抗は大きくなります。逆に温度を低くすると、この格子振動が、どんどん小さくなり、電気抵抗は小さくなります。では、さらに温度を下げて絶対零度にすると、純粋な金属の結晶格子の振動はゼロになるのでしょうか？　ここで図1－4に示すようなモデルで考えてみましょう。金属中の原子核は図1－4に示すように、球がバネでつながれたようになっていると考えられます。そのため1つの原子が独立して振動することはなく、全体がブルブル震えているようになっています。仮に、絶対零度にしたときに格子振動が

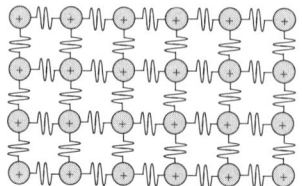

図1-4 固体（金属など）の結晶格子の模式図

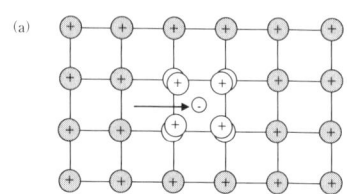

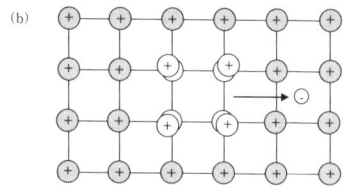

図1-5 電子により格子振動が発生する様子の模式図
(a) 正イオンで構成される結晶格子中で電子が運動すると、電子に正イオンが引きつけられて格子が歪む。(b) 電子が通り過ぎると正イオン同士に反発力が働き、短時間振動する。この現象は電子運動に起因するので、温度に関係なく生じる。

全くなくなったとします。この状態で、金属に電位差をかけて自由電子を運動させます。すると自由電子は結晶格子の中を通過するわけですが、電子は負の電荷を持っていて、正の電荷を持つ原子核（正イオン）を引き寄せ、その結果格子がわずかにゆがみます（図1-5）。結晶格子は原子核がバネでつながれたようなものですから、電子が通過した後、元に戻ろうとするので、格子振動はやはり生ずることになります。したがって、絶対零度であっても、格子振動はなくなることなく、よって電気抵抗はゼロにならないということになります。

〈金属中の電子状態〉

このように電子が運動すると結晶格子の振動が生じ、また格子振動はさらに電子の運動を妨げるため、絶対零度でも電気抵抗がゼロになることはあり得ないと考えられます。これが超伝導発現機構を解明しようとする研究者の前に立ちはだかった問題だったのです。

さて、超伝導体をいろいろ調べていくと、磁場を加えると超伝導に転移する温度（臨界温度T_cという）が低下したり、比熱（物質1gの温度を1℃高めるのに必要な熱量）の温度依存性がT_cで不連続になるという現象が分かりました（図1－6）。磁場を加えるということは、系の熱力学的な自由エネルギーを変化させることなので、常伝導から超伝導への変化は、熱力学的な相転移であることが分かりました。そして、図1－7に示すように、T_c以下の温度では超伝導状態であるほうが、系の自由エネルギーが低く安定しているのです。金属の結晶構造はT_cを境に別に大きな変化が起こらないので、電子のエネルギーが突然大きく低下すると考えざるを得ません。電子のように多数の粒子のエネルギーが突然変化するということは、このような粒子集団に新しい秩序構造が出現するということを示唆しているのです。金属中では10^{23}個／cm²という多数の電子が、てんでバラバラ好き勝手に動き回っているわけですが、その電子エネル

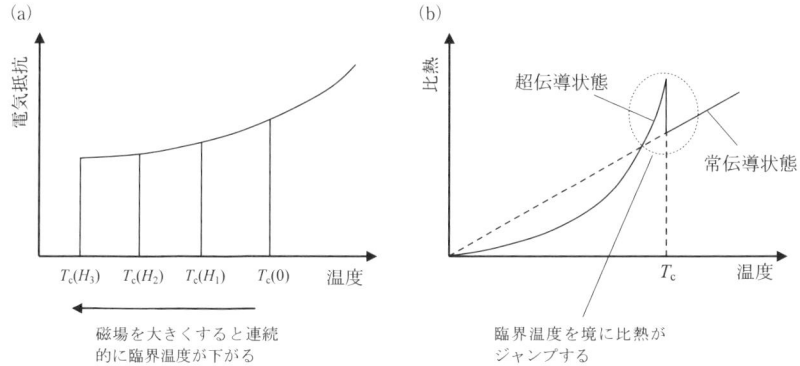

図1－6 超伝導状態と常伝導状態の熱力学的な相違
（a）磁場を印加することにより、臨界温度が下がる様子の模式図。（b）超伝導状態と常伝導状態の比熱の温度依存性。常伝導状態から超伝導状態に転移するときに、比熱に飛びが観測される。

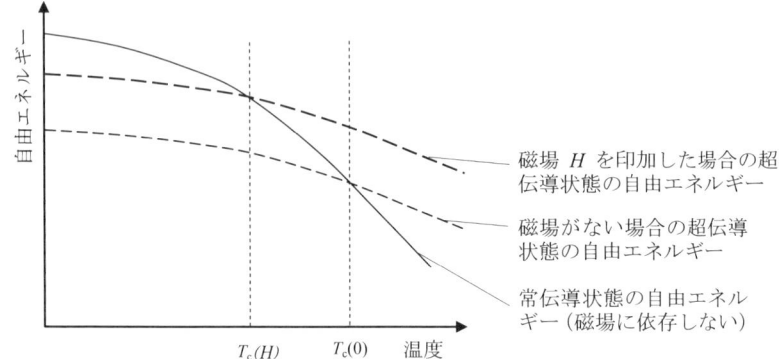

図1-7 超伝導状態と常伝導状態の自由エネルギーに及ぼす磁場の影響
臨界温度T_c以下では、超伝導状態の方が常伝導状態よりも自由エネルギーが低く安定になるのに対し、T_c以上では常伝導状態の方が安定になる(このように自由エネルギーの大小関係が逆転する温度が臨界温度である)。また、外部から磁場を加えると、磁場を排除するために余分なエネルギーが必要になるため、自由エネルギーが増加する(自由エネルギーの曲線が上方にシフトする)し、T_cは低下する。

ギーの持ち方には一定のルールがあるのです。

　電子や陽子、中性子などの素粒子はある統計的な性質を示すことが知られています。金属中の電子を例に説明すると、個々の電子の特徴をそのエネルギー(運動量で記述するのが一般的である)で記述すると、ある特定のエネルギー状態(これを量子状態という)をとる電子の数には制限があって、エネルギーの低いところから順番に電子が埋まっていくというイメージになります(図1-8 (a))。このような(統計的)性質を持つ粒子をフェルミ粒子といいます。一方、ヘリウム原子はどのようなエネルギー状態でも多数の粒子が存在することが可能であり、このような粒子をボーズ粒子と呼びます。

　1928年(昭和3年)にアインシュタインはボーズ-アインシュタイン凝縮という新しい粒子状態の可能性を提唱しました。それは、同種の粒子

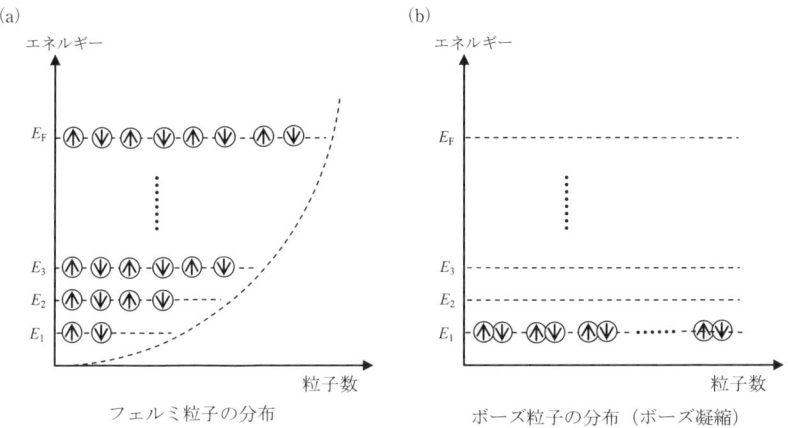

図1−8　フェルミ粒子とボーズ粒子の分布の模式図
（a）フェルミ粒子では、一つのエネルギー状態には決まった数の粒子しか占有することができない。（b）ボーズ粒子では、フェルミ粒子のような制約はなく、全ての粒子が最低エネルギー状態を占有することが可能である（ボーズ凝縮という）。図中の矢印は電子のスピン（自転）の方向を模式的に示したもの。EFをフェルミ準位といい、フェルミ粒子の存在する最高のエネルギー状態を示す。

の集団を冷却すると、ある一定の温度以下で最低のエネルギー状態にすべての粒子が落ち込んで（これを「凝縮する」という）しまうというものです。本来フェルミ粒子である電子が、T_c以下になるとヘリウム原子のように最も(秩序だった)エネルギーの低い状態に凝縮するということが、超伝導体の電気抵抗消失のからくりであると指摘され始めました。しかしながら、このようなボーズ凝縮が金属中の電子系に起こるためには、電子が対を形成したり格子を組んだりして、本来フェルミ粒子である電子がボーズ粒子になることが必要なのですが、負の電荷を持つ電子同士ではクーロン力で反発し合うはずであり、引力的相互作用が電子間に働くことをうまく説明することができませんでした。

〈電子間引力とクーパー対〉

　格子振動が電気抵抗の要因であると前に説明しましたが、この格子振動が実は電子間に引力的相互作用を生じさせる仲介役を果たしているという逆転の発想が、超伝導機構解明のカギとなったのです。

　1950年（昭和25年）にフレーリッヒは、本来電気抵抗の原因となる格子振動（この量子をフォノンという）が、電子間に引力的相互作用を及ぼすことを初めて唱えました。

　図1－9に示すように、原子核（正イオン）で格子が形成されている金属中で、電子が結晶格子内を運動すると、わずかに格子がゆがみ局所的に正電荷の密度が高い部分が生じます。原子核の質量は電子よりもはるかに大きいので、格子振動により原子核の変位するスピードに比べれば、電子の方がはるかにすばしっこく動きます。電子の運動スピードは非常に速く、瞬時に通過するわけですが、正イオンは重いので、電子が通過したあともわずかな時間は、もとの位置に戻ることができずにその場にとどまります。そうすると正電荷の濃い空間が残るわけですから、そこに別の電子を引き寄せようとします。

　結果として、1つの電子が通過したことによって結晶格子をゆがめる（量子的には電子がフォノンを放出する）ことが、別の電子を引き込む（別の電子にフォノンを与える）ことを生じさせるのです。つまり、フォノンを仲介役として電子間に引力的相互作用を及ぼし電子対の形成が起こるのです。そしてこれは格子振動の様子や

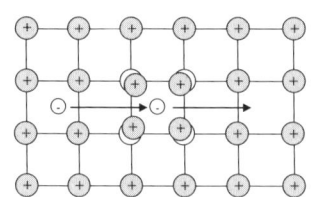

図1－9　電子間に引力が働く機構の模式図
正イオンで構成される結晶格子中を電子が移動すると、正イオンが電子に引き寄せられ、局所的に正電荷密度が高い領域ができる。このような領域に別の電子が招き入れられ、結果として格子振動（フォノン）を介して2つの電子間に引力が生じることになる。

電子の数が適当な条件を満たす場合にしか起こらないのです。例えば、電子の数が少なすぎると、放出したフォノンを受け取ってくれる相手の電子がいないのでペアを作れない。また、金や銀など電子が格子振動の影響をあまり受けない電気抵抗がもともと非常に小さい金属では、電子が格子振動（フォノン）をうまく利用できず、電子対を形成できないのです。物質によって超伝導になるものとならないものがあるのはこのような理由によります。

バーディーン、クーパー、シェリーファーは、2つの電子がフォノンという量子を介したエネルギーのやり取りをして互いに引力を持つことでフェルミエネルギー近傍の電子が対（これをクーパー対という）を形成して、よりエネルギーの低い状態に凝縮するということを理論的に導きました。これが後にノーベル賞の受賞対象となったBCS理論の最も基本的でかつ重要な部分です。

〈クーパー対の形成と電気抵抗の消失〉

超伝導状態では、フェルミ準位近傍の電子がクーパー対を作って、さらにエネルギーの低い状態に凝縮するのですが、このクーパー対を形成している電子を通常（対を作っていない）の電子と区別して超伝導電子といいます。

超伝導電子は本来電気抵抗の要因となる格子振動を逆手にとって、1つの電子が放出したフォノン（つまり、失ったエネルギー）をもう1つの電子が受け取る（つ

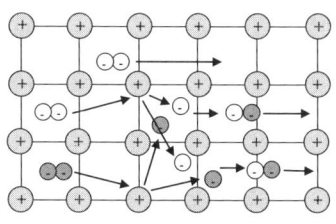

図1－10　電子対が再形成する様子の模式図
超伝導状態では電子は対を形成していた方がエネルギーが低くなるので、なんらかの要因で電子対が壊れても、再度電子対を形成しなおす。

まり、エネルギーをもらう）ことにより、対全体ではエネルギーを損失することなく運動できるわけです。ミクロに見て電子の運動に伴うエネルギー損失がないということは、マクロに見れば電気抵抗なく電流が流れるという現象になるわけです。また、超伝導電子が運動する（電流が流れる）過程で、さまざまな要因で電子対が壊れることもあります。しかし、先に述べたように、温度がT_c以下では電子は対を形成した方がエネルギー状態が低く安定しているわけですから、対が壊れた電子はまた適当な相手を見つけて電子対を再び作り直すので、結局電流は衰えることがないのです（図1-10）。

■ 超伝導の限界

ここまでの説明で超伝導発現機構のイメージが少しは理解していただけたと思います。では、超伝導状態を壊すにはどうすれば良いのでしょう。繰り返しになりますが、T_c以下では電子が対を形成してより低いエネルギー状態に落ち込むので、超伝導状態の方が自由エネルギーが小さく安定しているのです。

図1-11に示すように、電子対は常伝導電子の最高のエネルギー状態であるフェルミ準位よりも低いエネルギー準位のところに凝縮していて、その上にはエネルギーギャップと呼ばれるエネルギーの壁のようなものがあります。そのため、電子対を壊すためにはエネルギーギャップ以上のエネルギーを外部から与える必要があるのです。外部から熱を加えて超伝導体の温度をT_cまで上昇させると、エネルギーギャップはゼロになり、超伝導性は消失します。言い換えると、超伝導体の臨界温度T_cはこのエネルギーギャップによっておおむね決まるのです。磁場を加えることによっても、超伝導体内部のエネルギーを変化させることができ

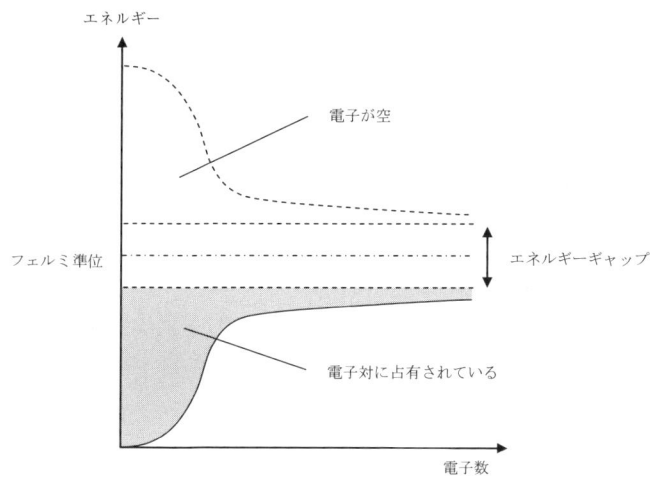

図1-11 超伝導状態の電子対の分布の模式図
超伝導状態では、フェルミ準位近傍の電子が対を形成し、より低いエネルギー状態に凝縮する。このとき、フェルミ準位の上下にエネルギーギャップが形成される。超伝導状態を壊すには、このエネルギーギャップに相当するエネルギーを外部より与える必要がある。

るので、このことによっても超伝導状態は壊れます。

この場合の限界の磁場の大きさを臨界磁場H_cと呼びます。また超伝導体に電流を流すと周囲に磁場が発生し、この磁場と電流の両方の効果で超伝導状態が壊れます。この限界の電流値を臨界電流I_cと呼びます。結局、超伝導体は温度、磁場、電流がある一定値以下

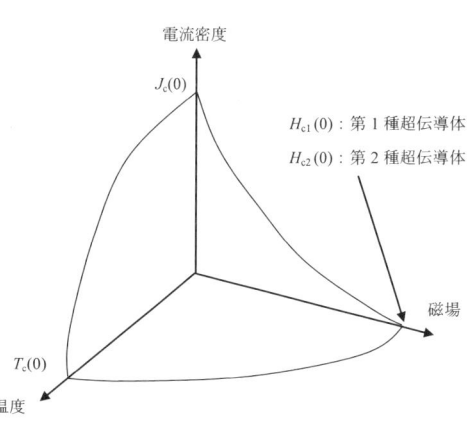

図1-12 超伝導状態を維持できる磁場・温度・電流密度の臨界値
温度・磁場・電流密度が上図の3本の曲線に囲まれる範囲内でなければ、超伝導状態は維持できない。

でなければ、超伝導状態を維持することができないのです(図1-12)。そのため、T_c、H_c、I_cいずれかの値、例えばT_cが飛びぬけて大きくても、H_cやI_cが小さければ実用的には使いものにならないわけで、これは工学上重要な点なのです。

■ 超伝導と磁場

　超伝導現象の発見から、その発現機構を説明するBCS理論の発表までには約半世紀の時間が必要でした。その間にも数多くの実験が積み重ねられ、重要な現象も発見されています。その一つがマイスナーとオクセンフェルドが発見した、"超伝導状態では磁場が超伝導体から完全に排除される"というマイスナー効果です。

　導体に磁場を加えると、電磁誘導により磁場の変化を打ち消す、つまり外部磁場の侵入を妨げる方向に電流が誘起されます。超伝導状態では電気抵抗はゼロであるので、図1-13(b)に示すように一度誘起された電流は減衰しないで流れ続けると考えられます。よって、磁場を排除した状態が永久に維持されることになり、電気抵抗がゼロであることによって完全反磁性は起こると説明できそうです。それでは、図1-13(c)のようにT_c以上の常伝導状態で磁場を印加(回路または装置に電圧磁場などを加えること)し、磁場をそのままの状態にして温度を下げて超伝導状態にした後、外部磁場を取り去った場合にどうなるでしょう。

　電磁誘導の法則に従えば、超伝導体内部にある磁場が出て行くのを妨げる向きに誘導電流が流れ、図1-13(d)に示すように磁場を捕捉した状態になると考えられます。しかし現実には、超伝導になったとたんに図1-13(b)のように磁場は超伝導体の外部に排除され、最初の状態に関係なく完全反磁性状態になることが明らかになったのです。これ

第1章 超伝導のあらまし　17

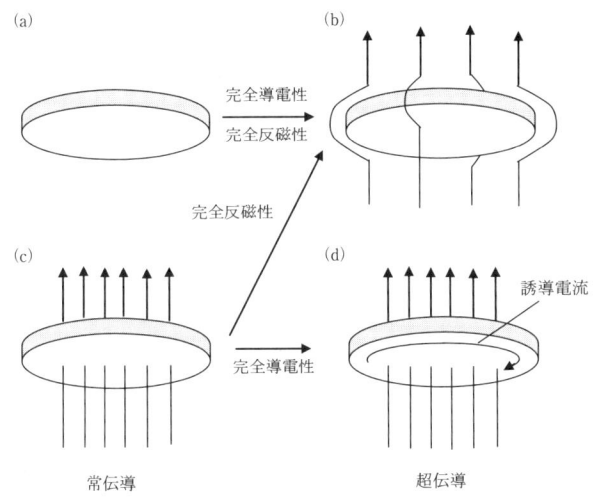

図1－13　完全反磁性の実験
（a）の状態で超伝導体に磁場を印加すると、（b）のように超伝導体から磁場が排除される。この現象を完全反磁性というが、完全導電性でも（a）→（b）の変化は説明できる。
（c）のように磁場を印加した状態で超伝導体を臨界温度以下まで冷却し超伝導状態にする。この場合、完全導電性では（d）のように誘導電流により磁場が捕捉されると説明される。しかしこの場合でも、実際の超伝導体では（b）のように磁場が排除される。この現象は完全導電性からは説明できず、超伝導体に固有の特性である。

は、超伝導体の完全反磁性という特性が、電気抵抗がゼロということからは説明できない固有の特性であることを示しているのです。従って、例えば冷却された超伝導体に永久磁石を近づけると、超伝導体の内部に磁力線が侵入しないように逃げていきます。これは永久磁石のN極とS極の向きを変えても同じことが起こります。

〈第1種超伝導体〉
　マイスナー効果により完全反磁性を保っている超伝導体は、内部から磁場を排除するために余計な仕事をする必要があります。つまり、完全

反磁性の状態よりも磁場の侵入を許した状態（常伝導状態）の方が、磁場を排除するのに必要なエネルギーの分だけエネルギーが高くなります。一方、超伝導状態を維持するということは、電子対形成によりボーズ凝縮が起こっているので電子対の凝縮エネルギーの分だけエネルギーが低くなります。では、仮に超伝導体周囲の磁場が局所的にH_cを超えて部分的に磁場が侵入した場合に、このエネルギーの差し引きがどのようになるかを考えてみましょう（図1‒14）。磁場が侵入している部分は常伝導状態になっていて、この部分は侵入した磁場の磁気エネルギーの分だけエネルギーが低くなり、常伝導転移のための凝縮エネルギーの分だけエネルギーが高くなっています。このエネルギーの差引きの合計がプラス

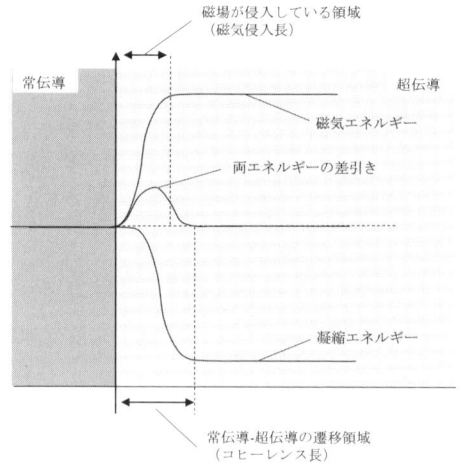

図1‒14　第1種超伝導体の超伝導‒常伝導界面におけるエネルギーの関係
超伝導体に磁場が印加されると、磁気侵入長程度の距離で磁場が超伝導体内部に侵入する。このとき、磁場の侵入により超伝導‒常伝導界面ができるが、その界面ではコヒーレンス長程度の距離で超伝導電子対の密度が低い領域ができる。第1種超伝導体では、磁気侵入長よりもコヒーレンス長が大きいので、超伝導‒常伝導界面のエネルギーの収支は正になる。従って、界面でのエネルギーがなるべく小さくなるように磁場の侵入は超伝導体の外側の表面に限定され、内部に部分的に磁場が侵入することは許されない。これは、超伝導体の表面の極薄領域以外は磁場が排除されるマイスナー状態に対応する。

であれば、磁場の侵入を許して超伝導と常伝導がミックスした状態になるために余計なエネルギーが必要になるのでエネルギー的に不利になり、どんなに小さな常伝導領域も許容されないということになります（正確には超伝導－常伝導界面を持つことが許されないということになります）。よって外部磁場を大きくしていくと超伝導体の内部は完全反磁性の超伝導状態を維持し続け、磁場がH_cを超えると一気に全体が常伝導に転移するという単純な特性になると考えられます。このような特性を有するものを第1種超伝導体と呼び、元素単体の超伝導体のほとんどがこれに属します。

なお、一般にこのH_cは非常に小さく、例えば鉛では液体ヘリウム温度で550G（ガウス）の磁場をかけると超伝導が壊れてしまいます。つまり、

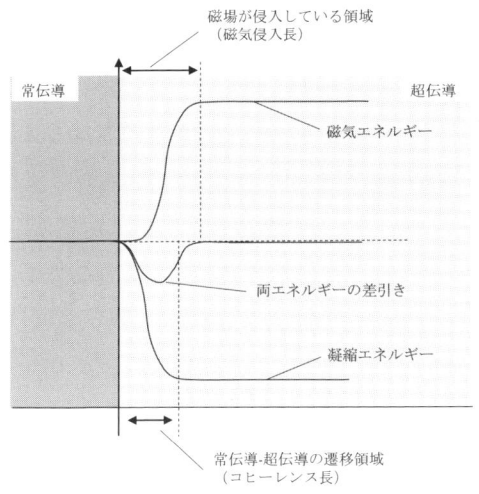

図1－15 第2種超伝導体の超伝導－常伝導界面におけるエネルギーの関係
第2種超伝導体では、磁気侵入長よりもコヒーレンス長が小さいので、超伝導－常伝導界面のエネルギーの収支は負になる。従って、界面がより多くできるように侵入した磁場はなるべく細分化して分布する。この状態を混合状態という。

磁気ばんそうこうについている磁石を使えば、簡単に超伝導を壊すことができるわけです。

〈第2種超伝導体〉

臨界磁場以下では常に完全反磁性を示し磁場の侵入を許容しない第1種超伝導体に対して、超伝導状態を保ったままで磁場の侵入を許容できるものを第2種超伝導体と呼びます。第2種超伝導体では、内部に局所的に磁場が侵入した時、この部分の常伝導転移による凝縮エネルギーと磁場の侵入による磁気エネルギーの合計が負になるので、磁場の侵入を許した方が、エネルギー的に安定になるのです（図1-15）。さらに、このエネルギーの特性は超伝導-常伝導界面が大きいほど有利になります。結果として侵入した磁束はできる限り細分化され、より多くの界面を持つように分布します。この最も細分化された磁束を量子化磁束と呼びます。そして、外部磁場が大きくなり、超伝導体全体が量子化磁束で埋め尽くされると、さすがにそれ以上は超伝導状態を維持することができずに、常伝導へ転移してしまいます。この磁場の値を上部臨界磁場H_{C2}と呼びます。なお、第2種超伝導体でも外部磁場が小さい場合には、第1種超伝導体と同様に完全反磁性を示し、この状態から量子化磁束の侵入を許しはじめる境目の磁場を下部臨界磁場H_{C1}と呼びます。

第2種超伝導体の大きな特徴として挙げられるのが、このH_{C2}が非常に大きいということです。例えばNbTi（ニオブチタン）やNb$_3$Snという現在最も広く実用に供されている超伝導体では、液体ヘリウム温度で上部臨界磁場が数万Gを軽く超えるのです。従って第2種超伝導体の発見がなければ、今日の超伝導の工学的応用はなかったといっても過言ではありません。

（福井　聡）

第2章　さまざまな超伝導材料

■ 元素系超伝導体

　1911年（明治44年）のオンネスの発見以降、1920年代になると低温の実験環境が各所に普及して、さまざまな超伝導体が発見されました。現在では絶対零度に極めて近い温度での測定が可能になり、図2－1に示すように29種類の元素が、冷却するだけで超伝導になることが知られています。また、元素によっては高圧にしたり薄膜にすれば超伝導になるものもあり（22種類）、これらを含めると全部で41種類、実に金属元素の約60％が超伝導体として知られています。つまり超伝導とは、低温における物性としてはありきたりの現象であるといっても言い過ぎではありません。また元素単体の超伝導体はNb（ニオブ）とV（バナジウム）を除い

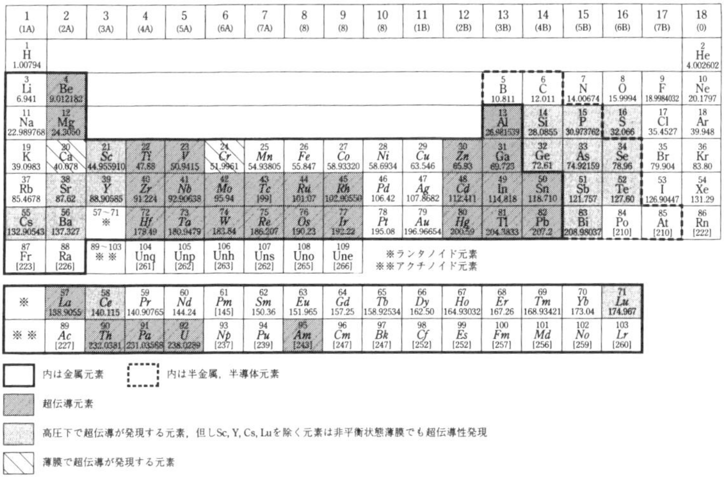

図2－1　超伝導性を示す元素

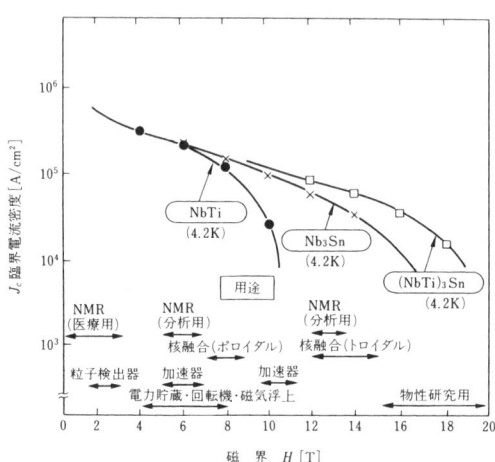

図2-2 各種超伝導線材の臨界電流密度—外部磁界特性の代表値

ては第1種超伝導体であり、単体では実用化することはできません。

■合金系・化合物系超伝導体

合金系の超伝導体としては、これまでに1,000種類以上のものが報告されています。現在実用化されているものはNbTi(ニオブチタン)系合金です。材料の作り方や電線への加工により変化はありますが、液体ヘリウムの温度で6T(T=テスラ、1T=1,000G)の磁場中で10万A/cm²以上の電流を流せる実力を持ちます。

金属間化合物系超伝導体では、代表的なものとしてNb_3Sn、Nb_3Al、Nb_3Ge、NbNなどNbを中心にした化合物と、V_3Ga、V_3SiなどVを中心にしたものがあります。化合物系超伝導体も多数の物質が報告されていますが、現在実用化されているものはNb_3Sn、Nb_3AlおよびNbNとなります。とくにNb_3Snは高磁場で臨界電流が大きいという特徴を持つので、高磁場電磁石用の線材として広く用いられています。図2-2に、NbTi・Nb_3Snなど代表的な線材の特性を示します。

■　酸化物高温超伝導体

酸化物超伝導体の最初の発見は$SrTiO_3$という物質で、T_c=0.6Kという

ものでした。その後いろいろな酸化物超伝導体が発見されたものの、T_c は13K程度であり、とくに応用上のインパクトを与えるものではありませんでした。ところが、1986年（昭和61年）1月にIBMチューリッヒ研究所のベトノルツとミューラーはLa−Ba−Cu−O（ランタン−バリウム−銅酸化物）という酸化物が、30K付近から急激に抵抗が低下することを発見しました。その後東京大学の田中らのグループが詳細な追試を行い、確かに30K級という記録的なT_cを示す物質であることを明らかにしたのです。

　これを契機として、世界中の研究者がこぞって新しい酸化物超伝導体の発見競争を繰り広げました。翌1987年（昭和62年）に米国でY−Ba−Cu−O（イットリウム−バリウム−銅酸化物）という酸化物が90Kを超えるTcを持つことが発見されました。このニュースは非常に大きなインパクトを与えるものでした。それまでの超伝導体の応用には液体ヘリウムという高価で扱いが難しい冷媒を用いる必要があり、これが超伝導の普及を妨げていた大きな問題の1つだったのです。液体ヘリウムより安価で取扱いが容易な液体窒素（1気圧での沸点が77K）が冷媒に使用できることから、これまでの液体ヘリウム冷却の問題点を克服できると考えたからです。ま

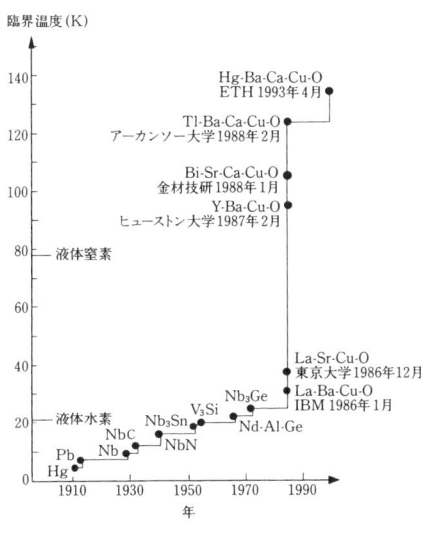

図2−3　超伝導物質の臨界温度の推移

た当時はバブル景気へ向かう時期でもあり、多くのメーカーが高温超伝導体という新しい研究対象に参入してきました。

そして1987年の終わりに金属材料技術研究所(現物質材料研究機構)でついにT_cが100KのBi-Sr-Ca-Cu-O(ビスマス-ストロンチウム-カルシウム-銅酸化物)という高温超伝導体が発見されました。翌年の1988年には米国でT_cが125KでTl(タリウム)系の超伝導体が発見されました。1986年からの約2年間でT_cが5倍も向上したのです(図2-3)。

図2-4に高温超伝導体であるBi-Sr-Ca-Cu-OとY-Ba-Cu-Oの結晶構造を示します。これらの高温超伝導体はCuO₂がYやCaを介して積層した構造になっていて、超伝導電流はCuO₂に沿って大きく流れますが、垂直の方向にはほとんど流れないという性質があることがわかっています。従って、このCuO₂層を如何に整列させるかが、高い臨界電流を得るための重要なポイントになるのです。　　　　　　(福井　聡)

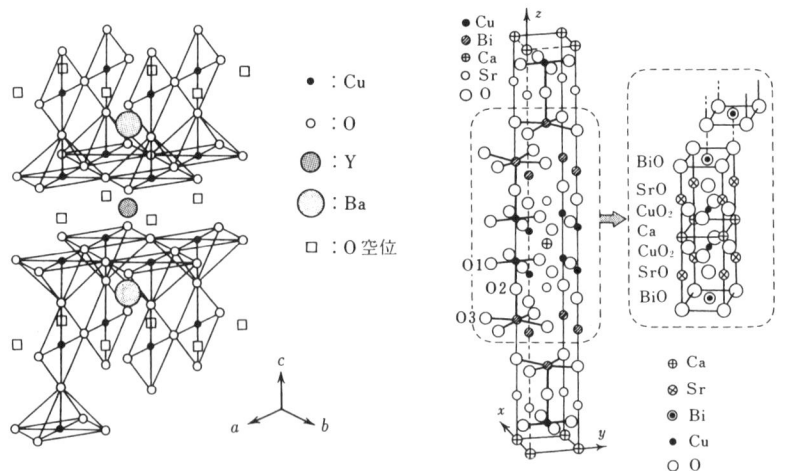

図2-4　Bi-Sr-Ca-Cu-OとY-Ba-Cu-O酸化物高温超伝導体の結晶構造

第3章　超伝導線材

■ 超伝導体を使うためには

　超伝導体を工学的に応用するためには、その特徴を最大限生かし、かつ応用機器に適した形に加工する必要があります。後の章で解説するさまざまな応用では、超伝導体で電線を作り、それをコイル形状にするものがほとんどです。超伝導線材でコイルを作るためには、線材は簡単に曲げることができるものである必要があります。また、コイルに電流を流すと、コイルを巻いている線材にはコイルが広がる方向に電磁力が働くので、これに耐える強度が必要です。

　さらに液体ヘリウム温度のような極低温では、金属の比熱は極めて小さくなるので、ほんのわずかな発熱でも超伝導体の温度は上昇し、常伝導転移（クエンチという）してしまいます。従って、このようなわずかな外乱により線材の温度が上昇して部分的にクエンチしても、線材全体がクエンチすることがないように工夫する必要があります。このために、超伝導線材は超伝導単体の線ではなく、多数本の細い超伝導体を銅やアルミなどの電気および熱の良導体（これを安定化材という）に埋め込まれた構造と

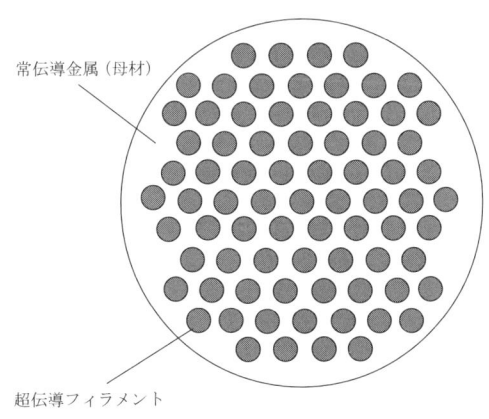

図3-1　複合多芯線の構造

なっています。そして超伝導が部分的にクエンチしても安定化材が電流のバイパスの役目をして、かつ発生した熱を素早く拡散させて、線材全体がクエンチすることがないような構造になってるのです。実際に使われる超伝導線材では、0.1μm〜数十μm（1μm＝100万分の1m）という細い超伝導フィラメントが数万〜数百万本、安定化材に埋め込まれた「多芯線」という構造になっています（図3－1）。

■ 低温超伝導線材の作り方

単に細い超伝導フィラメントを銅などの安定化材に埋め込んだ構造といっても、実際の製造方法はそんなに単純なものではありません。現在最も広く使われているNbTi線材の代表的な製造方法を図3－2に示し

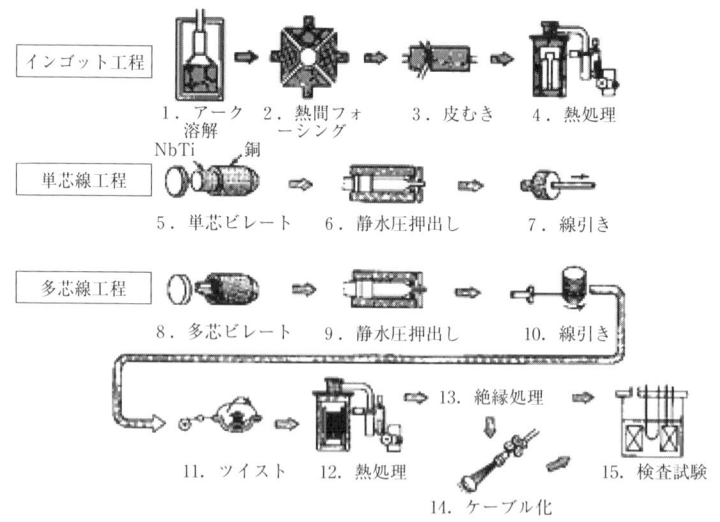

図3－2　NbTi線材の製造方法

ます。まず、NbとTiの合金を作り、それを
細く加工したものを銅のパイプに入れて、
さらに加工を行い、単芯線を作ります。こ
れを必要な本数束ねて銅パイプに入れ（多
芯ビレット）、これを伸線加工します。フィ
ラメント数をさらに増やす場合には、多芯
ビレットからロッドを作り、その上で多数
本束ねて同様に伸線加工をします。このよ
うにロッドを束ねることをスタックといい

図3-3　NbTi線材の断面写真
（Alsthom社製）

ますが、必要な線の構造に応じて、スタックを2回3回と繰り返す場合
もあります。このようにして作られたNbTi線材の断面の顕微鏡写真を
図3-3に示します。

　次によく用いられる材料であるNb$_3$Snでは、CuSnパイプにNbの棒を入
れ、これを多数本束ねて伸線加工した後に、説処理を行いNb$_3$Snを生成
させます（図3-4）。Nb$_3$Sn線材は、熱処理を施してしまうと非常にもろ
くなってしまうので、NbTi線材のように自由にコイルに巻くことができ
ません。そこで、あらかじめコイル形状に巻線した後に、コイルごと熱
処理してNb$_3$Snを生成させる方法がとられます。ただし、この方法では
最終的なコイルがそのまま入る熱処理用の炉が必要になるので、主に小
規模のコイルの製作に用いられます。

　NbTi線材は、液体ヘリウム温度では数万G程度の磁場にしか耐えるこ
とができませんが（それでも銅線の電磁石で発生できる磁場より数倍大きい磁
場なのですが）、非常に加工性に優れていること、比較的簡単に線材が作
れることなどの理由で広く使われています。Nb$_3$Sn線材は、加工性は劣
るものの、液体ヘリウム温度でのH_{c2}が20Tをゆうに超えるので、NbTi

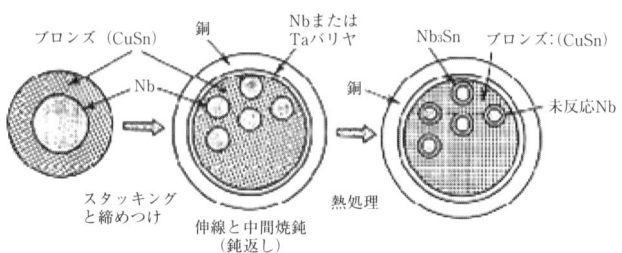

図3-4　Nb₃Sn線材の製造方法（ブロンズ法）

線材が使えないような高磁場の電磁石の製作に用いられています。

■ 高温超伝導線材の作り方

　高温超伝導体は、液体窒素温度で運転できる超伝導機器への適用が期待されています。これは、もともとセラミックス（瀬戸物のようなもの）であり、簡単に線材にすることはできません。また、前掲の図2-4に示すように、超伝導電流はCuO_2層に沿う方向にしか大きくならないので、線材の設計では、このCuO_2層を電流方向にうまくつなげる必要があ

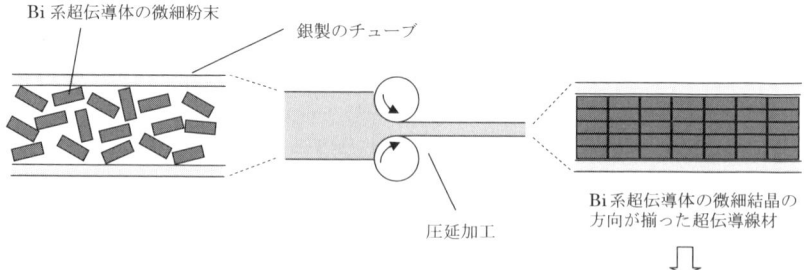

図3-5　Bi系高温超伝導線材の製造方法の模式図（パウダー・イン・チューブ法）

るのです。Bi－Sr－Ca－Cu－Oの高温超伝導体は、CuO_2層が平面的に広がった結晶が成長しやすく、その平板状結晶が雲母のようにへき開（結晶性物質が特定方向に割れること）しやすいので、銀の安定化材の中にこのようなBi系超伝導体の結晶を詰め込み、機械的に圧延することにより、線材の長さ方向にCuO_2層がそろった線材ができます（図3－5）。しかしながら、Bi系超伝導線材は、液体窒素温度では高磁場で大きな電流を流すことができないため、今のところ送電ケーブルなどの磁場の小さい応用に用途が限られています。

　これに対し、Y－Ba－Cu－O高温超伝導体は、77Kでも比較的大きな磁場に耐えることができます。そのため、コイルへの応用が期待されているのですが、Bi系超伝導体のようにCuO_2層がそろった結晶が成長しにくく、Bi系と同じような方法では特性の良い線材を作ることができません。そこで、結晶の向きをそろえるために、Y系超伝導線材は薄膜線材という構造にすることが考えられました。これは、金属などの基板上に結晶の向きがそろった中間層を先に作っておき、この上にY系超伝導体をスパッタ法や蒸着法、レーザー堆積法というような基本的には従来の金属薄膜の製法を用いて成長させるものです。このようなY系超伝導体の薄膜線材では、超伝導体の断面積は小さいものの電流密度が数百万A/cm^2に達するものが開発されており、今後の応用研究の進展が期待されています。
　　　　　　　　　　　　　　　　　　　　　　　　　　（福井　聡）

第4章 超電導の特徴と応用

■ 超電導の特徴

　超電導技術で得られる特徴は表4－1に示されるように、第1の特徴は電線に電流を流しても損失がないということです。電力を遠方まで損失させずに送ることができます。また、多くの電気機器にはコイルが使用されていますが超電導技術を使うと電気損失がないので電気代が安くなるし、エネギーを消費しないので地球環境を維持する上でも好ましいのです。第2の特徴は細い線に電流をたくさん流せるということです。銅線に比べると10から20倍もの電流を流すことが可能になります。逆から見ると、電気機器をかなり小さくできるということにもなります。第3の特徴は高い磁界を発生させられることです。鉄片に線を巻いて電流を流すことにより磁石を作ることができますが、超電導のコイルではそれよりも5倍以上も強い磁石にすることができます。

　超電導コイルでは永久電流モードを実現できます。コイルに電流を流したあとで、電源に接続されているコイルの両端を外し、くっつけると超電導線であるので損失がなく、電源から切り離されていても電流を永遠に流し続けることができます。

　ここで、超電導の特徴を整理すると、前に述べた特徴と重複しますが、電力損失がないこと、細い線に大電流を流せることから電気機器を小型にできること、高い磁界を発生できるので機器のエネ

表4－1　超電導の特徴

高い磁界	10～15テスラ 鉄でつくる磁石の5倍以上
高い電流密度	水冷の銅線10A/mm^2 超電導線200～400A/mm^2
電力損失がない	電気抵抗がゼロ
永久電流モード	永遠に電流が流れ続ける

ギー変換効率が良いこと、および永久に電流を流せることが挙げられます。

■ 超電導の応用

　超電導の応用についてはその目的から考えて表4－2に示すように4つの分野に分けることができます。1つは加速器や高磁界マグネットといった科学研究用です。そもそも、超電導自体がつい最近まで科学研究のテーマそのものでしたから、この分野では何ら抵抗もなく、むしろ積極的に取り挙げられ、超電導の進歩に大きく貢献してきました。2つ目はエネルギー貯蔵、磁気浮上列車、地上に太陽を実現する核融合装置など、開発途上の機器に超電導の進んだ技術を積極的に取り入れていく分野です。3つ目は超電導技術なくしては実現できない分野です。この場合には装置が使われる時点では超電導が導入されることは当然で、その代表例としてあげられるものが核融合装置です。この装置では1億℃以上の高温プラズマを磁界という容器で閉じ込める必要があります。この場合に磁界を発生するコイルに従来のような銅線で巻かれたコイルを用いると、コイルだけで何十万kWの電力を消費してしまい、核融合で発生した電力を本来の目的に利用できなくなってしまうのです。4つ目は、現在ある機器の超電導化です。発電機、電動機、送電線、磁気分離、そのほか多くの電気機器が対象になります。

　超電導の応用は表4－3に示すようにエネルギーの

表4－2　超電導技術の適用

科学研究用	加速器、高磁界マグネットなど
開発途上の機器	エネルギー貯蔵、磁気浮上、核融合など
超電導技術なしには実現しない装置	エネルギー貯蔵、核融合など
既存装置の超電導化	発電機、MRI、磁気分離など

表4-3　超電導技術の応用分野

一般産業	MRI、NMR、磁気浮上列車、電磁推進船、磁気分離装置、単結晶引き上げ装置、磁気遮蔽
送　電	交流送電、直流送電、
電力機器	発電機、電動機、エネルギー貯蔵装置、核融合装置、変圧器
加速器	偏向磁石、集束コイル、粒子検出器、空洞共振器、
通　信	ケーブル、ジャイラトロン、空洞共振器、導波管、
半導体素子	演算素子、記憶素子、
測定器	微小磁界、微小電圧、微小変位、

缶詰（エネルギー貯蔵）に代表される電力機器からMRIのような医療用、コンピューター、通信まであらゆる分野にわたります。現在、多くの超電導機器には液体ヘリウム温度（4.2K、-269℃）で動作する金属系の低温超電導体が使用されていますが、液体窒素温度の77K（-169℃）もしくは20K（-253℃）近くで動作させる酸化物の高温超電導体を用いた超電導機器の研究開発も活発に進められています。

（山口　貢）

第5章　産業を革新する機器

■ MRI（磁気共鳴イメージング装置）

　MRI（Magnetic Resonance Imaging）は、人体の細胞に含まれる水素などの原子核の核磁気共鳴現象（NMR：Nuclear Magnetic Resonance）を利用して人体の断層画像を映し出す医療用画像診断装置です。1981年に医学臨床の研究が始まりましたが、現在ではMRIは広範に普及し、X線CTと並び有用な診断装置になっています。MRIが登場した当初はその動作原理からNMR－CTと呼ばれていました。MRIは放射線の被ばくがなく安全で、骨部による撮影障害がなく鮮明であることなどの優れた特徴を備えています。従来は鉄に銅線を巻いた常電導マグネットを用いた0.25T未満の低磁界のMRIでしたが、超電導マグネットにより0.5T以上の高磁界の発生が可能になり、信号と雑音の比（S/N比）が良い画像信号が得られ超電導マグネットを用いたMRIは急速に普及しました。

　MRI装置は、均一度の高い静磁界発生マグネット、核磁気共鳴を起こすための高周波発生用コイルと信号受信用コイル、位置情報を与えるための傾斜磁界を発生するコイル、および画像処理装置から構成されています。画像を得るためには、まず静磁界中に人体を置き、高周波発生用コイルで水素原子核を磁気共鳴させ、その緩和過程の信号を収集します。このときの共鳴周波数は磁界に比例し、1.0Tのとき42.6MHzです。位置により磁界強度が変わるような傾斜磁界を加えると、その磁界に比例した共鳴周波数の信号が得られるので、その信号をフーリエ変換（信号をデジタル画像化するための特定の計算式）すれば、水素原子核の位置と状態の情報が得られます。

MRIに使用される超電導マグネットには、人体の鮮明な画像を撮るために次のことが備わっている必要があります。

・人が入るマグネットの常温空間として約1mの内径が必要
・必要な磁界は0.35〜2T
・MRIでは画像の質が最も大切であり、マグネットに対して、例えば、直径40cmの球体積内で1〜2.5ppm以下の磁界の均一度が要求される。このような高均一度磁界は、1cc程度の鉄で容易に乱されてしまい、実際には、精度の高い磁界解析に基づくコイル配置と、その上での現地での微調整を加えて達成される
・磁界の安定度は0.1ppm/h以下であることが必要

マグネットは病室に設置される関係からヘリウム液化機やマグネットに電流を流すための電源はありません。そのためにマグネットの製作では以下の配慮がなされています。

・液体ヘリウムの消費量は1時間当たり0.05〜0.1ℓ以下であること
・マグネットは端子を短絡した永久電流モードで運転されること
・軽量、コンパクトで経済的であること
・メンテナンスが容易であること

表5-1に超電導マグネット、常電導マグネット、永久磁石を使用したそれぞれのMRIの比較を示します。

MRIが医療用機器として発展してきた背景には超電導技術、極低温技術ならびに製造技術の進歩が大きく寄与しています。MRI用超電導マグ

第5章　産業を革新する機器　　35

表5−1　各種のMRIの比較

	超電導マグネット	常電導マグネット	永久磁石
磁界強度	0.35〜2T	0.02〜0.23T	0.15〜0.3T
磁界均一度	10ppm以下	60ppm以下	60ppm以下
磁界安定度	0.1ppm/h以下	10ppm/24時間	10ppm/24時間
運転方式	永久電流モード	定電流安定化電源	恒温装置
重量	8〜30t	8t以上	8〜100t
設置スペース	中〜大	中	小〜中
運転コスト	中	大	小
特徴	・数Tまでの高磁界 ・高均一度 ・高安定磁界 ・ヘリウム冷却 ・電力消費小	・低磁界 ・磁界均一度が比較的悪い ・安定性が比較的悪い ・冷却水必要 ・電力消費大 ・磁界の遮断容易	・低磁界 ・磁界均一度が比較的悪い ・安定性が比較的悪い ・重量大 ・電力消費小 ・漏洩磁界小

図5−1　MRI用の超電導マグネット

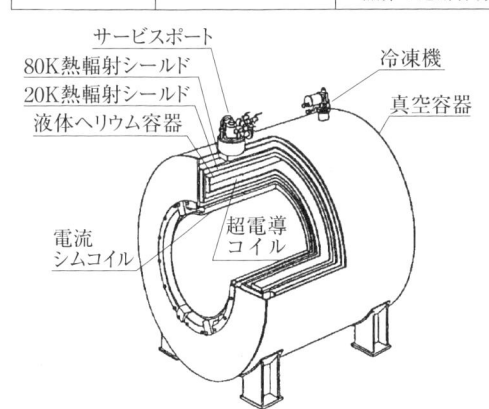

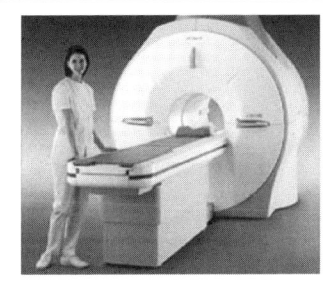

図5−2　完成したMRIの外観

ネットの構造を図5−1に、完成したMRIの外観を図5−2に示します。超電導コイルを収めるクライオスタットの常温空間の内径は約1m、長

さは2mの大きさがあります。わが国におけるMRI装置の累積設置台数は1990年以降、着実に伸びてきています。1997年にはMRIの稼動台数は3,048台で、そのうち、超導電マグネットタイプは2,305台、常電導磁石は48台、永久磁石タイプは695台の割合でした。このうち常電導磁石タイプは現在ほとんど使用されていません。世界で診断用に設置されているMRIは、2003年で約2万2,000台、そのうち、日本国内が5分の1の約4,800台になります。MRI用超電導マグネットは、現段階では、金属系超電導導体を使用していますが、メンテナンスフリーとするためにも将来は酸化物系超電導導体で作ることも考えられています。

　診断のために円筒の空間に入ると閉所恐怖症になる人がいるために、マグネットの前後左右の四方向を開放したオープン・タイプのMRIもあります。この装置では患者さんに閉所の苦痛を与えないし、お医者さんが受診者を診ることができます。また、装置内で手足が自由に動かせるため、関節などの検査が容易になり、診断の対象範囲が広くなります。MRIでは治療をしながら画像を確認したりするインターベンショナルMRIや、脳機能をイメージングするためのファンクショナルMRIなども期待されており、超高速撮像を可能にするためにハードウエアとソフトウエアの開発が進められています。

■　単結晶引き上げ装置

　LSIなどの半導体デバイスに使用されるシリコンは単結晶からできています。シリコン単結晶は、るつぼ内の溶融液から液を引き上げながら凝固させることにより大きな結晶が作られます。この装置は単結晶引き上げ装置と呼ばれています。

　直流磁界中を導電性の物質が移動しようとすると、移動方向に対して

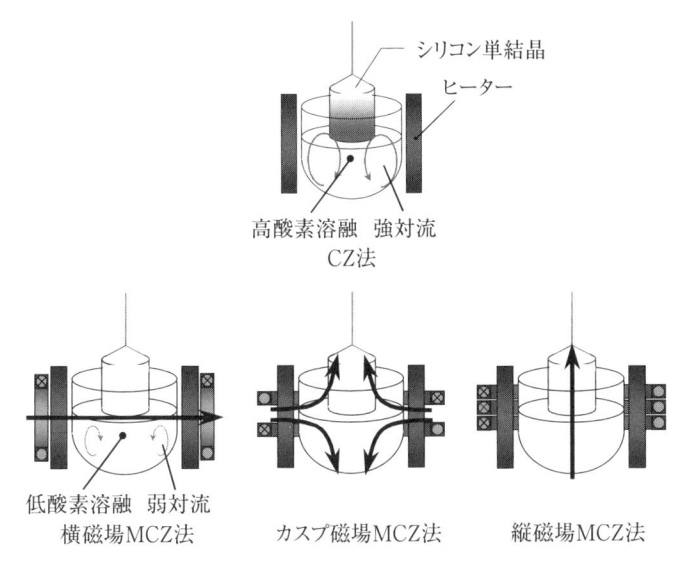

図5－3　磁界印加による単結晶の引き上げ

直角に誘導電流が発生し、移動を抑制するような制動力が働きます。この性質を利用した半導体単結晶引き上げ装置は MCZ 法（Magnetic Field Applied Czochralski Method：磁界印加チョクラルスキー法）と呼ばれています（図5－3）。この方法では、るつぼ内のシリコン融液の対流を制御して、引き上げ中の単結晶への不純物濃度を下げ、さらに結晶成長界面の安定性を向上させます。対流の抑制に必要な磁界は0.4T程度です。LSIの高集積化でシリコンウェーハの直径が大きくなり、12インチ（306mm）の単結晶生産には

表5－2　半導体単結晶引き上げ用超電導コイル

中心磁界	0.36T
磁界均一度	10%以下（径110mmの球）
コイル内径	256mm
コイル外径	364mm
コイル高さ	68mm
通電電流	300A

表5－3　超電導マグネットと常電導マグネットの比較（中心0.36T、コイル間空間900mm）

	通電電流 (A)	コイル重量 (kg)	消費電力 (kW)	外形寸法 (m)
超電導マグネット	100	220（全体2 t）	5	1.6D×1.2H
常電導マグネット	1,200	4,000（全体32t）	190	2.80W×2×1.5H

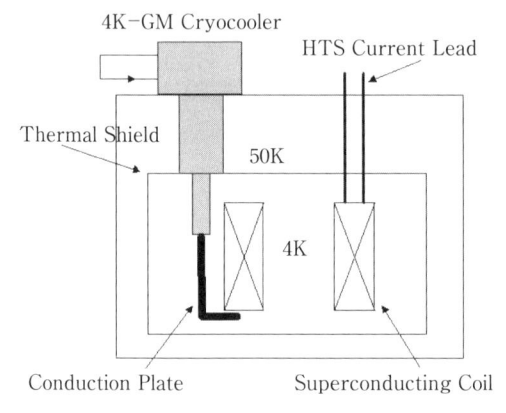

図5－4　冷凍機伝導冷却マグネットの構成

図5－5　伝導冷却マグネット

超電導コイルは不可欠となります。超電導コイルの一例を表5－2に示します。るつぼが中心にある直径約1ｍの引き上げ装置の外側にマグネットを配置しなければならないので、従来の鉄に銅線を巻いた常電導マグネットではかなり大型化し重量物になります。表5－3に示すように超電導マグネットを用いた場合には、常電導方式に比べて大きさは約5分の1に、重量は約10分の1と軽くすることができます。このような方法は工業化されており、酸素濃度が低く均一度の高い結晶が製造されています。

магネटを加える方向は図5-3に示されるように単結晶の引き上げ方向と平行、または垂直の2通りが行われており、磁界の強さはおよそ数百mTです。超電導マグネットには図5-4と図5-5に示すように液体ヘリウムのメンテナンスを必要としない冷凍機冷却システムが用いられています。また、将来の一つの技術動向として、速い立ち上げ速度や安いランニングコストを目標にMCZ用高温超電導マグネットの開発も行われています。

■ 磁気分離装置

現代は文明が進む一方で大量消費の時代とも言われ、膨大な産業廃棄物が排出されて河川や湖沼が汚染される環境問題を抱えています。これらに含まれている有害物質を磁界で除去する装置が磁気分離装置です。有害物質には貴重な資源が含まれていることもあり、資源循環と再利用にも役立ちます。この装置では、常磁性の微弱磁性粒子や重金属であっても、フェライト化（フェライト＝酸化鉄を主成分とする複合酸化物）やマグネタイト（鉄の酸化物）を添加することにより、磁界によって分離・除去することができます。

磁界の勾配がある空間に磁化Mの粒子があると、粒子には磁界の勾配と磁化の積に比例した磁気力が作用します。磁気分離装置としては従来から永久磁石や鉄に銅線を巻いた電磁石が使用されています。しかしながら、超電導マグネットが発生する高磁界を使用すると、磁界の勾配を大きく取れるので、強磁性体に限らず常磁性体にも分離に十分な磁気力を作用させることができます。この装置を用いると河川中の濁りも除去可能であり、公害処理にも使用できる可能性があります。超電導マグネットは電力消費を伴わないことから近ごろの省資源、省エネルギー、

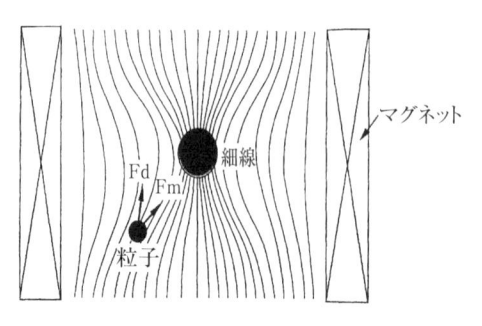

図5－6　高勾配磁界による粒子の捕獲

そして地球環境保全の見地からも磁気分離装置に超電導マグネットを実用することは注目されています。

磁気分離装置は高勾配磁気分離装置（High Gradient Magnetic Separation；HGMS）と空間勾配磁気分離装置（Open Gradient Magnetic Separation；OGMS）に分類されます。HGMS装置は図5－6に示すようにステンレス鋼の細線に磁界を加えて、細線の周囲に高い磁界の勾配を作ることで大きい磁気吸引力をステンレス鋼線の近くに発生して、磁化率の違う物質を分離する装置です。

高勾配磁気分離装置では磁界中に置かれたキャニスター（円筒容器）の中に線径が数10～100μm（1μm：100万分の1m）程度のステンレス線からなるフィルタが充てんされています。高勾配磁気分離装置はほかの磁気分離装置と比べて非常に高い磁界勾配を得ることができます。そのため、これまでに多くの常電導マグネットを用いたHGMS装置が製作され、製鉄所の廃水処理やカオリン粘土の精製、火力発電所のボイラー供給水の除鉄に応用されています。超電導マグネットを用いたHGMSは磁界の勾配が20,00T/mにも達し、従来のものの1,000～10,000倍の磁気力を発生できます。したがって、大粒径で強磁性の粒子の分離から100μm以下の粒径をもつ弱磁性粒子までの分離が可能になります。また、超電導コイルを永久電流モードで使用すると、消費電力を少なくできるため省エネにも効果的です。超電導HGMSはカオリン粘土の精製にも使用され、品

第 5 章　産業を革新する機器　　41

質向上に有効であることが示されています。また、小型冷凍機で冷却された高温超電導コイルを用いたHGMS装置も開発されています。

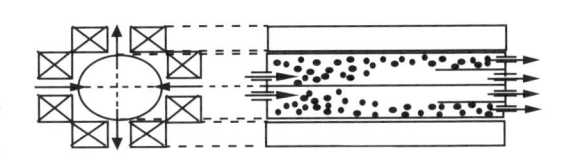

図5－7　四重極磁場コイル

超電導HGMS装置の応用例として、湖沼で発生するアオコ（湖沼などに繁殖する微小な藻類）の除去に用いられ、約95％の除去率で1分間に15ℓの処理能力を持つことが示されています。さらに、地球環境保護の見地から、下水などに含まれる重金属の除去など広範囲に適用されていくものと予想されます。

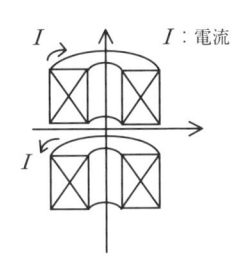

図5－8　カスプ磁場コイル

エリーツ社は1986年に陶器の製造に使われるカオリンの精製システムで、従来型の銅鉄マグネット（磁界2T）を超電導マグネット（中心磁界2T）に置き換えて、装置の重量を42％、体積を34％、消費電力を5％に削減して省エネルギー化と装置のコンパクト化を図っています。

高勾配磁気分離装置ではステンレス線に粒子が付着するので、それを除去するための逆洗（処理液とは逆方向に水を流し付着物を取り去ること）が必要です。これに対して、空間勾配磁気分離装置ではフィルタを使用しないので目詰まりの問題はありませんが、高勾配磁気分離装置ほどの大きい磁界勾配を得ることはできません。このマグネットには円筒型や図5－7と図5－8に示す四極マグネット、カスプコイルなどが研究されています。

■ NMR装置

　NMRとは核磁気共鳴を意味しています。原子核が磁界の中に置かれると磁界と原子核スピンに応じて、傾いて回転しているこまのように特定の周波数で歳差運動をします。これに等しい周波数をもつラジオ波を加えると電磁波の吸収、すなわち共鳴が起きます。この現象は磁気共鳴といわれ、吸収の起こる周波数や吸収スペクトルの波形から、物質内部の電子や原子核の状態を知ることができるのです。

　このような共鳴現象を利用したNMR分光計は今では分子量が数万のタンパク質の構造解析に適用されています。NMRでは、各スペクトルの周波数は磁界に比例するので、超電導マグネットの発生磁界が大きいほど各吸収ピーク間の周波数の差が広がり、各吸収ピークの分解能が上がります。分析の対象となる物質の分子量が増大し複雑になるにつれて、構造解析のためにはより高い磁界が必要になります。

　NMRの高均一磁界が必要な空間はMRIより小さく1 cm^3 程度ですが、磁界の空間における均一度は0.001〜0.01ppmとMRIよりとても厳しい値が必要です。NMR信号の分解能力を上げて分析精度を高めるために、分析時間内の磁界変動を抑えることは極めて重要となり、磁界減衰はMRIの場合以上に重要になります。超電導マグネットの端子を超電導状態で短絡した永久電流モードで運転すると、理想的には抵抗がないので電流は減衰せず磁界が一定に保持されます。しかし、超電導線の接続抵抗などの微小抵抗は磁界を減衰させる原因になるので、極力小さくしなければなりません。

　NMRは世界で年に500台以上も設置されています。日本国内での設置台数はその約3分の1です。2001年頃の世界全体での設置台数は9,100台以上で、そのうち、日本には2,100台のNMRが設置されています。市

第5章 産業を革新する機器

販品としてはコイルを冷却する温度が4.2KのNMRでは750MHz（磁界17.6T）の装置、さらに温度の低い超流動冷却運転では800MHz（磁界18.8T）の装置があります。20Tを超えるNMRでは、物質・材料研

表5－4　1GHz級NMRマグネットの開発目標

発生磁界	23.5T
室温ボア	径51mm以上
磁界均一度 （超伝導シム使用時）	0.1ppm （径10mm×20mm円筒内）
磁界安定度	0.01ppm/h
液体ヘリウム消費量	750 l／月
液体窒素消費量	450 l／週

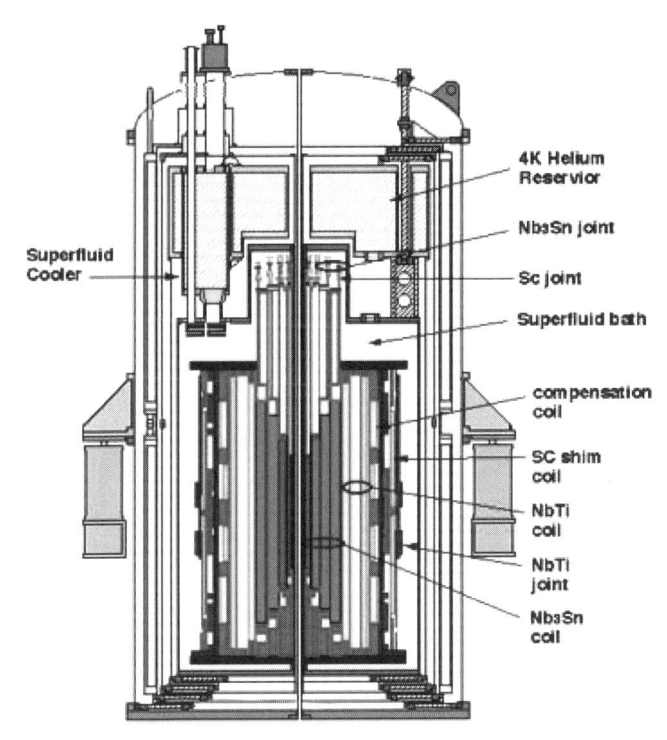

図5－9　1GHz級NMR

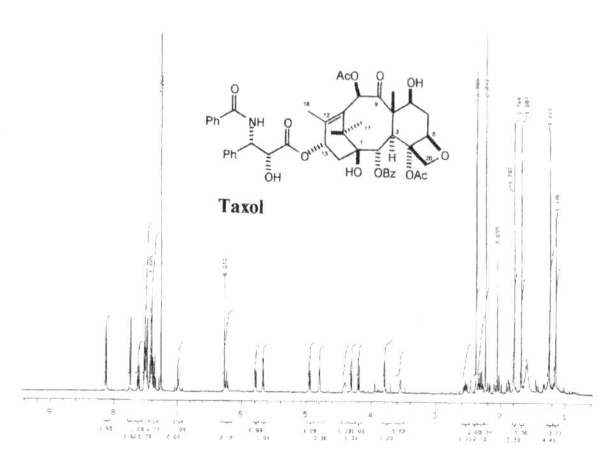

図5-10　NMR分析チャートの例

究機構で21.6T（920MHz）の装置が開発されています。米国フロリダの国立高磁場研究所では、25T（1.066GHz）を完成させる計画が進んでいます。わが国では、物質材料研究機構において表5-4と図5-9に示す1GHzのNMR装置の開発に取り組んでいます。このNMR用マグネットでは、マグネットが多重の円筒構成になっており外側の低磁界部分にはNbTiコイルを配置し、その内側の高磁界部分にはNb$_3$Snコイルを設け、1.8Kに冷却して21.1Tの磁界が中心に発生されます。Nb$_3$Snコイルの内側にはさらに酸化物コイルを設けて合計で23.5Tを発生しようとするものです。このように1GHz級のNMR装置では臨界磁界の高い酸化物コイルが必須になります。図5-10はNMR分析チャートの一例を示します。

(山口　貢)

第6章　高効率と新機能を実現する電力用機器

電力機器で超電導化の対象として期待されている機器は発電機、ケーブル、変圧器であり、新たな機器としてエネルギー蓄積装置、限流器が注目されています。

■　超電導発電機

くぎに銅線を巻いて電池につなぎ、銅線に電流を流すと磁石になります。これを停止している部分に置かれているコイルの近くで回転すると、このコイルに電圧が発生します。これが発電機の簡単な原理です。この磁石に巻いてある銅線を超電導線にすると、電気損失がないので高い磁界を発生することができます。鉄の磁界は2T近くで飽和するの

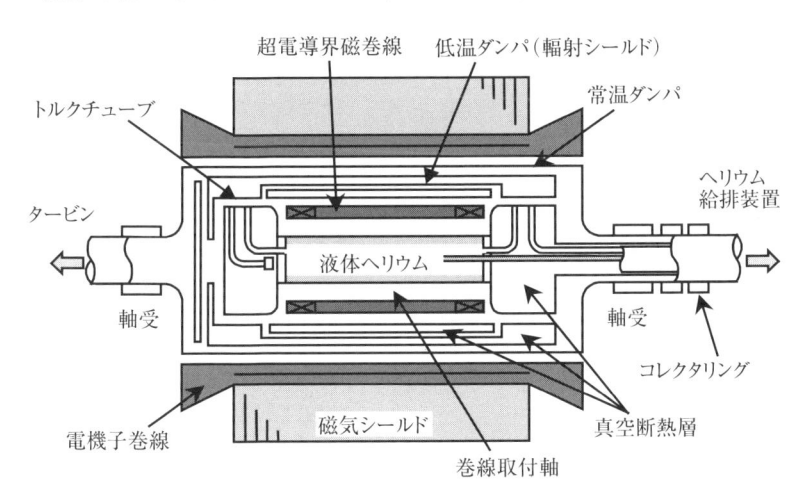

図6-1　超電導発電機の基本構造

で、その段階でくぎのような磁束を通すための鉄は不要になります。

　超電導線を巻いた界磁コイルは図6－1に示すように－269℃の液体ヘリウムを入れた極低温容器(クライオスタット)の中に収納されている必要があります。超電導発電機の磁石が回転する部分の回転子は超高級な魔法瓶のような構造になっており、蒸気タービンで駆動され毎分3,000回転の速い速度で回転し、大きいトルクを伝達しています。

　このように発電機の回転子の界磁巻線を超電導線にすることで、損失をゼロにして発電機の効率を向上でき、燃料の節約と炭酸ガスの排出量削減ができます。加えて、磁束密度が大きいので発電機の小型、軽量化が可能になります。また、超電導発電機はリアクタンス(交流抵抗)が小さいので安定度が向上し、発電機の特性が大きく改善されます。1,200MVA級発電機を例にとると、全損失が従来機の約3分の1に、重量は約50％、発電機の長さは約60％に減少します。1988年から1999年にかけて、国家プロジェクトとして20万kW級超電導発電機の技術の確立を目指した研究開発が進められ、実証試験が完了しています。その仕様を表6－1に示します。

表6－1　70MW級モデル超電導発電機

容量	MVA	73
電圧	kV	10
電流	A	4215
回転数(毎分)	rpm	3600
定格界磁電流	A	3200

　超電導線に交流の電流を流すと交流損失が発生するので、それを小さくするための高度な技術が要求されます。そのために、交流電圧が発生する静止部にある電機子巻線は現状の発電機と同じように銅線が巻かれています。将来的には界磁巻線も電機子巻線も、超電導線で巻いた全超電導発電機が期待されています。

■ 超電導変圧器

　発電機で発電された電力の電圧は、変圧器で高い電圧に上げられて送電線やケーブルにより長距離にわたって送電され、配電系統に送り込まれます。その電力の電圧は工場や家庭に入るときに今度は変圧器で必要な低い電圧に下げられています。

　変圧器は口の形をした鉄心にコイルが2個巻かれており、昇圧変圧器では一次側のコイルに低電圧の電流が流れ、二次側のコイルからは高電圧の電流が取り出されます。従来の変圧器のコイルは銅線でできているので抵抗による損失が発生します。交流の電流がコイルに流れ、発生する磁束が鉄心を50Hzまたは60Hzで出入りするために鉄心にも損失が発生します。

　現在の変圧器は銅線で巻かれたコイルを冷却するために油などが使用されています。このコイルを液体窒素で冷却された高温超電導線にして巻くと、交流損失と鉄心での損失はありますが電気抵抗はゼロになります。そうすると変圧器の効率は向上するし、コイルの断面積を小さくできるので小型化と軽量化が実現できます。

　商用周波数である交流電流でも使用可能なNbTiの金属系超電導線が1980年代半ばに開発されました。それ以降、超電導変圧器の本格的な試作研究が行われてきました。ところで、高温超電導線では金属系超電導線ほど交流損失を低くはできません。しかし、冷却温度が高いので変圧器の断熱構造がより単純になり、冷却システムの効率も高いという利点があり、高温超電導変圧器の開発が進められています。

　300MVA級変圧器では従来器の約40％に軽量化できると試算されています。液体窒素は不燃性なので絶縁油やSF$_6$(六フッ化硫黄)に比べて防災上、環境保全上も有利になるので、高温超電導体を使用した変圧器の

研究開発が各国で行われています。わが国では図6-2に示すような液体窒素で冷却した3MVA-22/6.9kV酸化物超電導変圧器の中の単相分が製作され試験が行われています。現状の電力用変圧器で、1,000MVA級の変圧器を例にとると、その効率は99.7%程度です。しかし変圧器の約30年間にわたる運転の経費を考えると、その効率を0.1%あるいはそれ以上少しでも向上させることが省エネルギーの観点からも重要です。

図6-2　1MVA高温超電導変圧器

■ **超電導ケーブル**

発電所で発電された電気は、長距離にわたって送電線とケーブルにより電力消費地である町や都市に送電されています。これらに使用されている銅線を超電導線に置き換えれば損失なしに電力を送れるし、同じ太さの線であれば超電導線ではより多くの電流を流せるので、より多くの電力を送ることが可能になります。

従来のケーブルでは、送電損失による発熱のため、1回線当たり現在の2倍の1,500MVA程度が送電の限界とされていました。極低温において電気抵抗がゼロになる超電導現象を利用すれば、原理的には無損失で密度の高い大容量送電を実現できます。10GVAの送電で比較すると、超電導ケーブルでは損失は直流、交流ケーブルともに従来型の内部油冷ケーブルの10分の1程度になります。

4.2Kの液体ヘリウムで冷却されたNbTiによる金属系超電導ケーブル

の研究開発は、長年にわたって行われてきました。しかし、長い距離にわたる冷却が容易でないことや、侵入熱を減らすために77Kの液体窒素で冷却された層が必要なため、コンパクト化がそれほどできずに実用化にまでは至りませんでした。

　液体窒素温度で超電導になる高温超電導線が開発されると、冷却が容易なことやケーブルの構成がより単純になるので高温超電導ケーブルの開発は急速に進みました。大都市では電力ケーブルを地下に敷設するためにトンネルを新設することは困難であるため、コンパクトな超電導ケーブルの開発が高温超電導体を用いて世界的に行われています。

　図6－3に交流電力1GWの送電に必要なケーブルサイズの比較を示します。従来の油絶縁ケーブルでは電圧275kVで電流1kAのケーブルが2回線必要ですが、超電導ケーブルの場合は電圧66kVで電流が9kAのケーブル1回線で済んでしまいます。図6－4は国家プロジェクトとして開発された単相、500m、77kV、1kA級ケーブルを示します。

　超電導ケーブルとしては、交流損失の生じない直流ケーブルも考えら

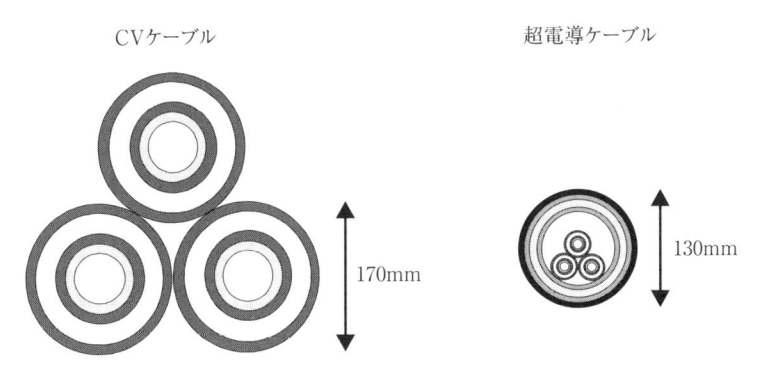

図6－3　1,000MVA/cctでケーブルサイズを比較

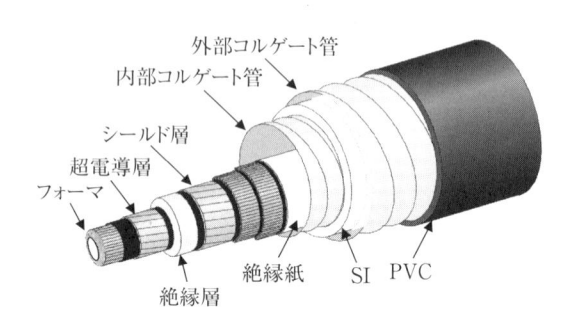

図6－4　500m、77kV、1kA級ケーブル

れています。この場合は直流送電になり、ケーブルの両端に直流を交流に変換するため、サイリスタ変換装置が新たに必要になります。そのため、送電距離を非常に長くしないと経済性を出すことができません。

■ 超電導限流器

　電力は発電所から工場や家庭に長い距離の送電線で送られています。雷や台風、鳥などにより送電線が短絡（電気回路のショート）すると大きな事故電流が流れ、その過大電流はリレーで検出され、遮断器によりすぐに送電線が開放されることで電力系統は保護されています。将来、電力需用の増大とともに電力系統がますます大きくなり、事故時の短絡電流も増えて遮断器に対する遮断電流も過酷な状況になると考えられています。

　超電導限流器は超電導材料で作られており、送電線に直列に接続されています。短絡事故などで過大な事故電流が超電導限流器に流れると、超電導状態が失われて高抵抗になり、事故電流は自動的に限流されます。超電導限流器が接続された電力系統では、事故電流がそれほど過大にな

らないように抑えられるので、遮断器に要求される遮断電流を大きくせずに済みます。また、電力系統に接続されているそのほかの電力機器に対しても事故に備えた設計要求を軽減できます。

　限流器には、超電導状態が壊れることにより抵抗が発生する常電導転移型（図6－5）のほかに、変圧器鉄心の二次側に超電導のリングを取り付けた磁気遮蔽型や、超電導素子を整流回路に接続し直流で動作させる整流器型（図6－6）などがあります。

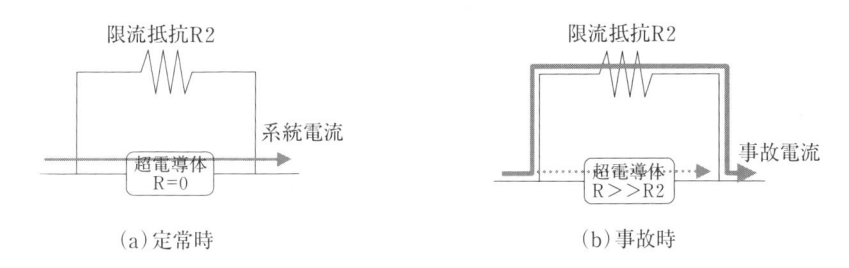

(a) 定常時　　　　　　　　(b) 事故時

図6－5　常電導転移型による限流

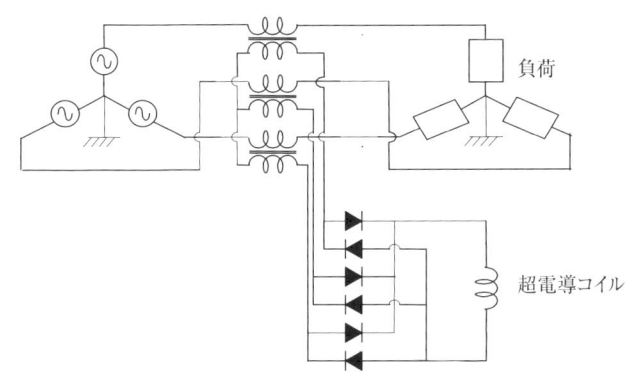

図6－6　整流器型限流器

常電導転移型は、超電導状態が失われて常電導状態に転移(クエンチ)すると電気抵抗が発生し、この抵抗を利用して電流を抑制する方式です。このタイプの限流器には、超電導体のみを限流素子として用いる方式や、超電導体と並列に抵抗やリアクトルを接続する方式があります。並列接続方式では通常は電流が超電導体を流れ、事故で過大な電流が流れる時には超電導体がクエンチし高低抗になり、事故電流は並列接続された抵抗やリアクトルに電流が転流されて抑制されます。

　超電導体のクエンチ現象を利用しない方式には、超電導コイルをダイオードで構成された整流器の直流部分に接続した直流リアクトル型（図6－6）があります。短絡事故で事故電流が急激に増大しようとすると超電導コイルのインダクタンス（コイルの電流の変化に対する誘導電圧の比を表わす定数）で電流の上昇速度が抑えられ、そのあいだに遮断器で事故電流は遮断されます。超電導コイルには平常時は直流電流しか流れていないので損失は発生しません。アメリカでは高温超電導テープのBi－2223銀被覆線で巻いた内径640mm、外径1,000mm、長さ756mm、電流2037A、インダクタンス4mHの40Kに冷却されたリアクトルを用いた15kV－20kA整流器型の限流器が開発されています。　　　　（山口　貢）

第7章　科学に貢献する機器

■ 加速器

　加速器は電荷をおびた素粒子やイオンを高いエネルギー状態に加速するのに用いられる装置で、物理学の研究に使用される大型の実験装置です。加速器には、粒子が自由に運動できるように真空に近いほどに減圧された管、粒子を加速するための電界を発生する部分、粒子を曲げるための磁界を発生する部分などがあります。

　加速器のリング上には粒子ビームを曲げるためのマグネットが数百個以上も配置されています。これらのマグネットに鉄心に銅線が巻かれた電磁石を用いたのでは電力消費が膨大になります。これらの電磁石に超電導マグネットを用いると電力消費はほとんどなく、コイルを冷却するための電力だけが必要になります。また、電磁石では磁界をあまり高くできませんが、超電導マグネットでは2T以上の磁界発生が容易にできます。また、ビームの曲げ半径を小さくでき、加速器のリングの直径を小型にできるという利点もあります。エネルギー E (GeV) の電子または陽子は、軌道に垂直な磁界B (T) により曲げられて円弧状の軌道に沿って進むとき、その軌道の曲率半径Rは以下の式で示されます。

$$R = (10/3)(E/B)$$

　粒子を曲げるためのマグネットは2極(ダイポール)電磁石といわれ、粒子の進行方向に対してN極とS極で磁界が垂直にかかります。粒子を集束するためには4極電磁石が使用され進行方向の断面で見ると円周上にN極、S極、N極、S極と交互に置かれ、円の中心で磁界はゼロになるようになっています。アメリカのフェルミ国立加速器研究所の加速器1

TeVプロトンシンクロトロン（Tevatron）では、超電導磁石が全面的に採用されています。このシンクロトロンの周長は6.3kmで、超電導2極マグネット（磁界4.5T、内径7.62cm、長さ6.12m）が774個、4極マグネット（長さ1.68m）が216個設置されています。超電導磁石は高い磁界精度が得られるように、極細多心のNbTi素線を楔形断面に成形した撚線（よりをかけた線）が数十ミクロンの寸法精度で巻かれています。欧州共同の7 TeV-7 TeVの加速器LHCは、周長が26.7kmの大型加速器で超電導マグネットが使用されており2005年の完成を目指して開発が進められています。図7-1はこれに使用される超電導2極マグネットの断面を、表7

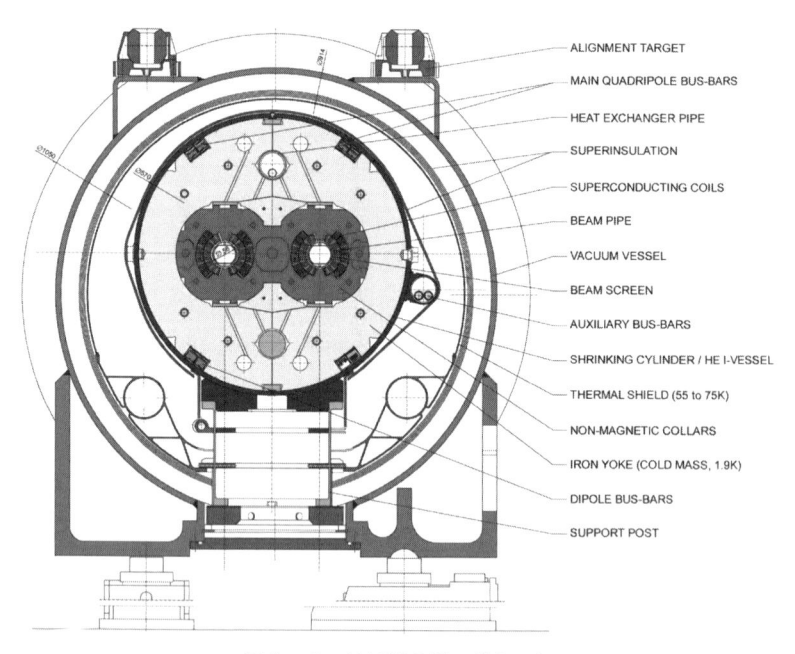

図7-1　LHC用2極マグネット

−1は2極マグネットと四極マグネットの仕様を示しています。

表7−1 主要な超電導マグネットの仕様

	双極マグネット	4極マグネット
定格磁場	8.36T	223T/m
最大磁場	8.7	6.9
定格電流（kA）	11.47	11.75
磁場実効長（m）	14.2	3.1
コイル内径（mm）	56	56

粒子はリングの中を運動するとエネルギーを失うので、1周するたびに1カ所または数カ所で加速されます。その加速に使用されるのが円筒の形状をした空洞共振器です。空洞共振器には数十MHzの高周波電界がかかっており、粒子はそこを通るたびに加速されます。超電導加速空洞は常電導の加速空洞に比べて加速電圧が高く、それを冷やすための冷凍機の動力を考慮しても消費電力が少なくて済みます。超電導加速空洞には、高純度のNb材料などが用いられます。最近では理論限界に近い40MV/m程度のものが開発されつつあります。

高エネルギー粒子の衝突によって発生する各種粒子の運動量の分析には、大口径で薄肉の超電導ソレノイドコイルが使用されています。衝突により四散する各種の粒子は軌道と平行なソレノイド磁界により曲げられ、ここで運動量の分析が行われます。コイルの内径は2〜3.5m、長さは3〜5.6mと大きく、中心磁界は1.0〜1.5Tに達します。図7−2はわが国の高エネルギー加速器研究機構の加速器トリスタン（TRISTAN）に使われている内径3.54m、長さ5.27m、磁界0.75Tの大型超電導ソレノイド磁石ビーナス（VENUS）です。

荷電粒子が真空中を光速に近い速度で運動し、磁界によって円軌道を描く時、エネルギーの一部は電磁波として放出されます。この電磁波はシンクロトロン放射光またはSORと呼ばれています。放射光は強力なX

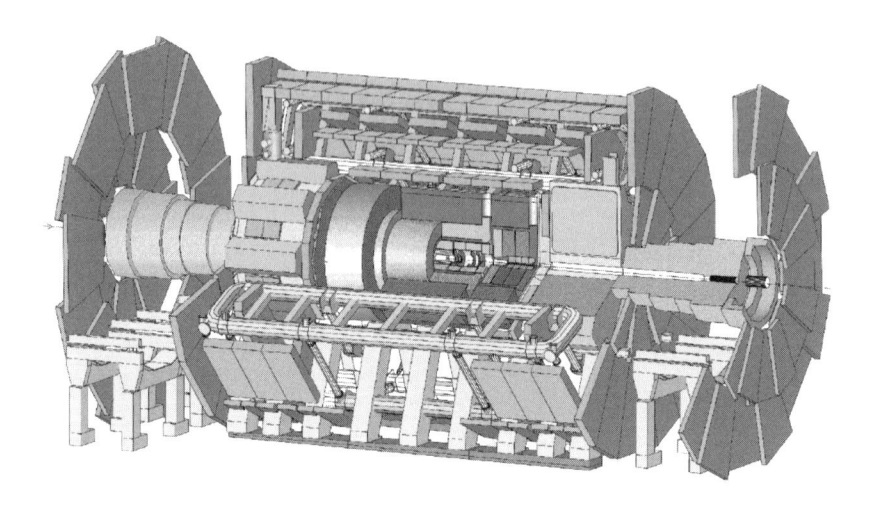

図7-2　トリスタンに使用されるソレノイド磁石・ビーナス

線源として物理、化学、生物学などで分析に用いられるほか、超LSIの微細加工、がんや循環器系の疾患の診断・治療などに使われようとしています。オックスフォード社で開発された超電導電子蓄積リングであるヘリオスでは、偏向磁界4.5Tの超電導偏向磁石が2個用いられています。このリングはIBMに納入され1991年に700MeVの電子エネルギーで、294mAの蓄積電流が得られています。

■　高磁界マグネット
　電磁石では、鉄心でできた磁気回路の磁気が飽和してしまうため、発生する磁界は約2Tが限界となります。一方、超電導マグネットは超電導状態では抵抗がゼロであるので電気損失が無いという大きな特徴に加えて、2Tよりも高い磁界を広い空間に高い電流密度のコイルで発生す

ることが可能となります。超電導技術の進展の歴史は、内径のより大きいコイルでより高い磁界を発生する努力であったとも言えます。超電導マグネットは発電機や磁気浮上列車などの超電導応用機器に組み込まれる使い方と、単結晶引き上げ装置やエネルギー蓄積装置などのようにマグネット自体が使用される場合とがあります。いずれの場合も磁界が高いほどコンパクトな装置でより大きい出力を出すことができます。

　高磁界マグネットは高性能超電導線の開発や高磁界での物性測定などのために、より高い磁界の発生に向けての開発が続いています。NMR用マグネットの高磁界化はその代表例といえます。

　より高い磁界は水冷のコイルを超電導コイルの内側に取り付けたハイブリッドマグネットで発生することができます。超電導コイルの発生磁界は臨界磁界で制限されますが、水冷コイルにはその点の制約はありません。しかし、銅コイルを冷却するために膨大な電力が消費されるという欠点もあります。アメリカの研究所では45Tのハイブリッドマグネットが開発されています。

　　　　　　　　　　　　　　　　　　　　　　　　（山口　貢）

第8章　未来に羽ばたく機器

■ 磁気浮上列車

　磁気浮上列車は図8－1に示すように車体に取り付けられている超電導コイルと路面にある推進用と浮上用の常電導コイル（超電導でない従来のコイル）とに電磁力が働き、浮上して高速で走ることができます。レールはもはやないのですが、浮上式鉄道といわれています。また、モータを直線状にした形態になっているので、別名、リニアモータともいわれています。

　超電導コイルを用いると大電流を電気損失なしに流すことができるコイルが造れます。コイルの両端を短絡した永久電流モードで運転できるので、車両に電流を流すための電源を積む必要もありません。また、磁界が大きいので10cmという大きな浮上高さを取れます。宮崎実験線から山梨実験線へと続いているプロジェクトは、時速500kmの高速輸送を目指しています。宮崎にある7kmの実験線においては、1977年（昭和52年）に時速517kmの世界記録を達成しました。山梨実験線は1990年（平成2年）に建設が開始され、1997年（平成9年）4月に走行

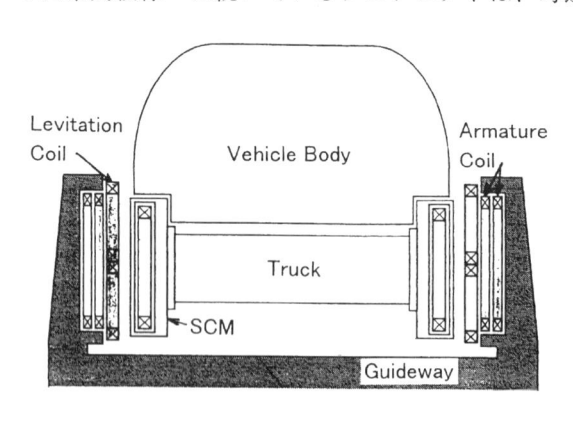

図8－1　ガイドウエイのコイル配置

実験（図8-2）がスタートしました。1999年（平成11年）4月には18.4kmの実験線において5両、定員150人分の重量（10t）を乗せた有人走行で世界記録の時速552kmを達成し、次世代の輸送機関としての一歩を踏みだしています。

図8-2 山梨実験線での走行試験

磁気浮上列車の超電導コイルは、図8-3に示すようにレーストラック（陸上競技）形状で軽量・コンパクトになるように超電導線が巻き線されており、常に小型冷凍機で冷却され、永久電流モードで運転されています。

表8-1に超電導磁石の仕様を示します。コイルの最大磁界は約5T、コイルの平均電流密度は200A/mm^{2}以上の大きさです。超電導コイルは走行時に地上コイルとの相互作用により、地上コイルから受ける高調波磁界によりコイル内部に渦電流の発熱および振動に伴う構造内部での摩

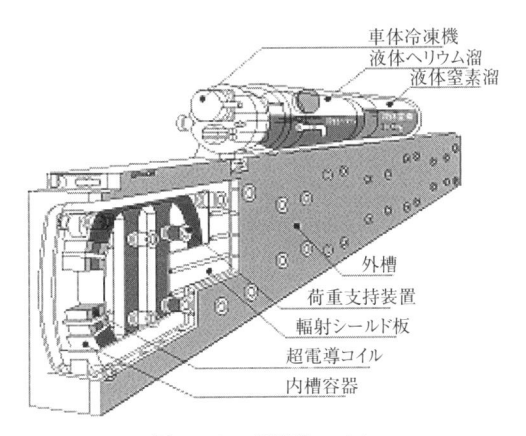

図8-3 超電導コイル

表8-1 超電導磁石の仕様

起磁力	700kA
静置時の熱侵入量	5W以下
負担浮上力／台	約100kN
外形寸法	長さ5.4m×高さ1.175m
重さ	1400kg以下
内蔵超電導コイル数	4個
走行時熱負荷増分	3W以下
車載冷凍機の能力	8W以上（4.5Kで）

擦などの機械的な発熱が生じます。車両に搭載されているヘリウム冷凍機の冷凍能力は限られており、コイルは走行時に発生する電気的損失と機械的損失および極低温容器へ侵入する熱を合わせた全体の熱負荷をその能力以下に抑える必要があります。超電導コイルの開発においては、全熱負荷を小型冷凍機の能力以下にすることが課題であり、そのために電気的損失と機械的損失が小さくなるように技術開発され、すべての走行速度域で全熱負荷が小型冷凍機能力の8W以下に抑えられています。

　超電導磁気浮上式鉄道の課題としてはレールの代わりに地上にコイルを敷き詰めること、大容量の電力変換器が必要であること、トンネル工事が必要であるため建設費が高くなることが挙げられます。しかし、これらの課題は今後の技術の進展により解決されることが期待されます。2003年（平成15年）12月には時速581kmの記録を樹立し、東京―大阪間を1時間で走ることも夢ではなくなってきています。しかし、建設には膨大な費用がかかるため、現段階では実用化の目途は立っていません。

■　超電導エネルギー貯蔵装置

　電気エネルギーを貯蔵するには、表8-2に示すような各種の方式があります。電力を貯蔵する方法としては、電気に余裕のある夜間に下池から上池のダムに水を汲み上げ、その位置エネルギーを利用する水力(揚水)発電、化学反応を利用して充電により電力を蓄えるバッテリー(電池)、

モータで"こま"のように物体を高速で回転させて運動エネルギーを蓄えるフライホイール(高速回転体)などがあります。これらはいずれも電気エネルギーをほかの形態に変えて間接的に貯蔵しています。

図8-4は超電導コイルによるエネルギー貯蔵の基本構成を示しています。電流Iが流れているインダクタンスLのコイルには、$LI^2/2$のエネル

表8-2　各種のエネルギー貯蔵方式

貯蔵方式	効率(%)	エネルギー密度 (kWh/m³)	備考
揚水(ダム)	65～70	0.3	ダム100m
バッテリー	75～80	30	
高速回転体	85		
圧縮空気	70	1	
水素貯蔵	～20	2,300	
超電導コイル	93～97	2	10,000MWhの例

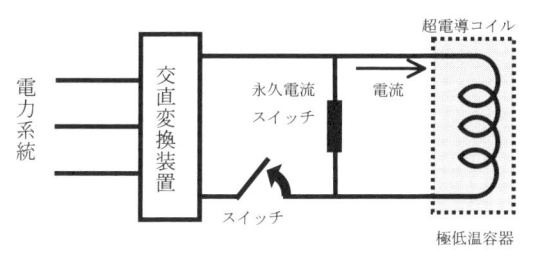

図8-4　エネルギー貯蔵システム

ギーが磁気エネルギーとして蓄積されます。超電導コイルの電気抵抗はゼロですので電力損失なしに電流が流れ、コイルの端子の両端を超電導状態で短絡した永久電流モードにすると、その電流はいつまでもコイルに流れ続けます。超電導コイルによるエネルギー貯蔵は、電気エネルギーをほかのエネルギーに変換することなく、直接、貯蔵と放出ができるため、貯蔵エネルギーの損失が少なく効率が高いと同時に、負荷の変動に対して応答がきわめて速く、起動が速いという特徴があります。

超電導コイルによるエネルギー貯蔵をほかの方式と比較すると、ダム

表8－3 瞬低対策SMES（シャープ液晶工場）

定格電流		2657A
定格電圧		DC2.5kV
インダクタンス		2.08H
最大貯蔵エネルギー		7.34MJ
利用エネルギー		5.00MJ
最大磁界		5.3T
コイル	内半径	0.265m
	外半径	0.324m
	高さ	0.700m
冷却方式		液体ヘリウム

による水力発電に比べてエネルギー密度は1桁大きく、効率も高いのです。わずかな電気エネルギーならば電池で蓄えることができますが、大規模なものになるとダムの水でエネルギーを蓄え、それを電気に変換しています。超電導コイルを使えば、これらに代わって電気エネルギーを蓄えることができる電気の缶詰を造ることが可能になります。100万kWを10時間（1万MWh）供給できる規模のコイルで、エネルギー蓄積装置を実現できれば電気エネルギーを蓄える損失は減り、エネルギーの出し入れを迅速に行うことができます。

　超電導エネルギー貯蔵は、現在、国家プロジェクトとして開発が進められています。このように電気エネルギーをほかに変換せずに直接、貯蔵できる超電導コイルによるエネルギー貯蔵装置はSMES（Superconducting Magnetic Energy Storage）と呼ばれています。SMESはエネルギーを貯蔵するための断熱した低温容器に収納された超電導コイルと、それを冷却するための冷凍機、さらには交流電力と直流電力とを相互に変換するための変換器などによって構成されています。

　SMESの用途としては揚水発電に匹敵する5GWh程度の大規模な装置の概念設計もありますが、現在では瞬時停電対策しとて無停電電源装置の一種であるマイクロSMESや、負荷均一化を目的とした中規模なSMESが検討されています。

第 8 章　未来に羽ばたく機器　　63

　日本では1991年（平成 3 年）から1998年（平成10年）に、負荷変動補償と電力系統の安定化などの多自的用途を考えた実験施設の開発が行われました。コイルには低温超電導体を使用したNbTi強制冷却で100kWh、

表 8 - 4　ASC社マイクロSMESの超電導マグネットの諸元

貯蔵エネルギー	3.0MJ
インダクタンスと定格電流	4.1H（ソレノイド）、1,200A
使用線材	NbTi線材
最高放電電圧	2,500V
冷却方式	液体ヘリウム浸漬冷却
クライオスタット	SUS304、2.57m (H)×1.27m (Dia.)
液体ヘリウム容量	800ℓ（再凝縮機なしで最低 5 日間保持可能）
冷凍機	GM冷凍機 2 台
冷却電力	13kVA
冷却装置のメンテナンス	1 回／年
クライオスタットの熱シールド	35Kシールド

最大貯蔵容量480MJ、出力20MWの小規模施設の建設に向けた要素技術の開発を行いました。モデルコイルは内径2.76m、外径3.33mで、要素コイルの 2 分の 1 相当の大きさです。コイルの電流は20kAで発生磁界は2.84Tあります。表 8 - 3 は瞬時電圧低下の保障用として液晶工場に据え付けられたSMESを示します。表 8 - 4 はアメリカのASC社が制作した超電導マグネットの諸元を示します。

■　フライホイール

　はずみ車とも呼ばれるフライホイールは慣性を大きくしてあり、回転運動する機械装置に取り付けて回転エネルギーを吸収したり放出したりすることによって、回転速度をほぼ一定に保つ働きをしています。フライホイールの慣性モーメントをJ、回転角速度をωとすると回転体には$J\omega^2/2$の回転運動エネルギーが蓄積されています。

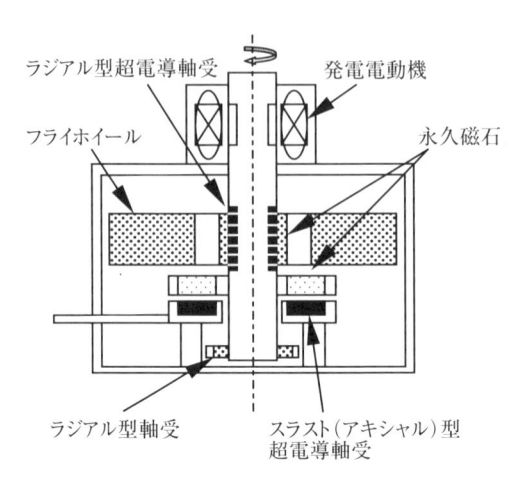

図の説明:
- ラジアル型超電導軸受
- フライホイール
- 発電電動機
- 永久磁石
- ラジアル型軸受
- スラスト(アキシャル)型超電導軸受

図8－5　超電導フライホイールの基本構成

フライホイールは、エネルギーを一時的に蓄える手段として従来から利用されており、電鉄、核融合実験用のパルス電源、コンピューター用無停電電源装置、電力系統の周波数調整用などに実用化されています。しかし、従来型のものは機械式軸受を使っているので摩擦による回転損失が大きく、短時間の使用となります。そこで、高温超電導体を使用すれば非接触で回転体を浮かせた状態で高速回転させることが可能になります。また、高速回転体には非常に大きい遠心力が働きますが、カーボン繊維をはじめとする複合材料を使用することで高速のフライホイールを製作できる可能性が出てきました。図8－5に超電導フライホイールの基本構成を示します。

イットリウム系（YBCO）の高温超電導体が発見されたのは1987年（昭和62年）のことですが、国内では1991年（平成3年）ころからフライホイールによるエネルギー貯蔵の研究開発が始まりました。フライホイールは、第二種高温超電導体の磁束ピン止め力を利用した超電導軸受けで回転体を浮上させ、それを高速で回転させることによって電力を運動エネルギーの形で貯蔵する方式です。非接触で回転するので回転損失が小さく、エネルギー貯蔵効率を高くできる可能性があります。同じエネ

ギーを蓄積するならば、重量に比例する慣性モーメントJよりも回転角速度ωを大きくする方が得ですから、高強度のカーボン繊維を使用したCFRP（カーボン繊維強化プラスチック）がフライホイールの材料に使われています。

この分野での国による研究開発は1995年度（平成7年度）から5年計画でフェーズⅠの要素技術研究を行い、続いて2000年度（平成12年度）からは超電導軸受開発に重点をおいた5年間のフェーズⅡの要素技術研究が進められています。フェーズⅠの要素技術研究では、外径400mmの小形モデルと外径1,000mmの中形モデルが試作され、これらの成果をもとに10MWh級システムの実現可能性が検討されました。小形モデルは、エネルギー貯蔵容量0.5kWh、定格回転数は毎分3万回転で直径400mm、厚さ40mm、重量は4.9kgあります。回転軸には、エネルギー入出力のための発電電動機が取り付けてあります。回転側にはリング状の永久磁石が、固定側にはYBCOの高温超電導体から成る超電導磁気軸受があり回転体は支えられています。

超電導フライホイールはまだkWh級の段階であり、最終的に目指しているMWh級までには、フライホイールの大形化やそれを支える超電導軸受の性能向上、大形化などが必要ですが、高効率でコンパクトな電力貯蔵システムとして期待されています。

■ 電磁推進船

現在のスクリューで推進力を得る船の速度は、最高でも時速45km程度ですが、電磁推進船は100ノット（時速185km）を超す速度も可能と考えられ、太平洋を短時間で横断して荷物を輸送することが期待されます。電磁推進船はスクリューを使用せず、海水に電磁力を作用させて船を推

進する方式の海上輸送で、振動が少なく高速化の達成を目指しています。船体には超電導マグネットが取り付けられており、コイルの発生する磁界と、それに直交して海水に電流を流すとその積に比例した電磁力が海水に働き、その反力として船に推進力が働きます。従って、大きい推進力を得るためには超電導マグネットによる高い磁界の発生が不可欠となります。超電導電磁推進船は、スクリューがないので振動・騒音がなく静かで保守管理が容易であるし、前進、後進の速度制御も容易という特徴があります。現在のところは経済性や性能の面で現用の船には及びませんが、将来的には高速艇、砕氷船、各種の作業船などへの応用が考えられます。

　1990年に完成したシップ・アンド・オーシャン財団の実験船が航行する様子を図8－6に、それに使用された超電導マグネットの諸元を表8－5に示します。この電磁推進船は実験船ヤマト1と呼ばれる長さ30m、排水量185tの双胴船で速力5.5ノットの航走実験に成功しています。超電導マグネットは6個のダイポール・マグネット（鞍型コイル）が漏れ磁界が小さくなるように円周上に配置されています。コイルの軽量化が極めて重要ですが鞍型形状のため、電磁力や応力の分布は複雑になり機械的支持を強固にする必要があります。電磁推進船の実用化のためには、海水の導電率が低いので、

表8－5　超電導コイルの主要諸元

コイル			
	ターン数	253ターン	
	内直径	360mm	
	外直径	401mm	
	直線部長／全長	2,950mm/3,844mm	
6コイル対／マグネット	ダクト中心が形成する円の径	1,050mm	
	通電電流	3,288A	
	巻線最大磁界	5.9T	
	蓄積エネルギー	20MJ	

16T以上の高磁界を発生できる軽量で大型のダイポール・マグネットの技術開発が必要です。

■ 核融合装置

核融合では、重い元素であるウランの核分裂を利用した原子力発電とは異なって、質量の小さい水素の同位元素である重水素と三重水素（トリチウム）の原子核同士を衝突させます。この衝突でヘリウムの原子核ができるとともに、1回当たり約700万電子ボルト（eV）のエネルギーが発生します。これをそれぞれの質量1kg当たりに換算すると、約300兆ジュールのエネルギーになります。燃料となる重水素は海水30ℓ中に1g含まれており、石油に換算して約8tに相当するエネルギーを発生することができます。このような核融合反応が起きると、わずかな質量の水素から膨大な量のエネルギーが得られます。しかし、核融合反応を起こすためには約1億℃以上の高温プラズマが必要になります。

図8－6　航行試験中の電磁推進船

燃料資源は海水から取れる水素の同位元素であるので無限に存在します。太陽は核融合反応により熱を発生しているので、これを実現することを「地上に太陽を」といわれています。化石燃料の問題が非常に深刻になるのは、今のところ2040年ころと考えられています。

核融合装置では、高温プラズマは強力な磁界により真空容器の壁から離して閉じ込められています。そのためには、超大型のコイルで高磁界を発生させる必要があります。常電導コイルを使用すると膨大な電力が

消費され、核融合発電炉の効率を極端に低下させてしまいます。そのため、核融合炉は超電導コイルなしには成立しないと言えます。不思議なことに、1億℃以上の高温プラズマを閉じ込めるのに-270℃に冷却された超電導コイルを必要とするのです。

　この装置は磁気閉じ込め核融合方式と言われ、その中でもトカマク型、ヘリカル型、ミラー型などの方式があります。そこではトカマク型が一番、実用化に近いと考えられています。核融合装置は小規模なプラズマ実験装置に始まって大型の実験装置へと進みました。1983年（昭和58年）から85年（昭和60年）にかけては、臨界条件を満足する大きさの装置であるアメリカのTFTR、EUのJET、日本のJT-60が稼動し、核融合反応の臨界プラズマ条件が達成されています。これからは実験炉、原型炉の順に開発が進められ、商業炉へと移行していく必要があります。

　現在、実験炉イーター（ITER）の開発が国際協力で進められています。次世代トカマクとして自己点火条件の達成を目指す国際熱核融合実験炉ITER（International Thermonuclear Experimental Reactor）の概念設計がEU、日本、アメリカ、ロシアの四極の国際協力により1988年から始まり、続いて6年間の工学設計が1998年に終了しました。この装置では最大磁界11.8Tのトロイダルコイルや、13.5Tのポロイダルコイルのすべてを超電導化する計画です。トロイダルコイルは巨大で、当初の設計では高さ18mのコイルが12個使用され、そのほかのコイルも含めると2万1000tもの重量になります。その後、トロイダルコイルの蓄積エネルギーは100GJ以上にもなるので、コストを大幅に低減するために規模を縮小した新しいITERの工学設計がアメリカを除く三極によって行われました。当初の設計に対してコストを2分の1にすることを目標として設計したITER-FEAT（Fusion Energy Advanced Tokamak）の鳥観図を図8-7

に、実験炉の主な仕様を表8-6に示します。

ITERに使用される超電導マグネットの技術開発は1992年に始まり、トロイダルコイルとポロイダルコイルのモデルコイルが製作され試験されました。ITER全体の事業費は1兆3,000億円で、そのうち、建設費が10年間で5,700億円かかります。

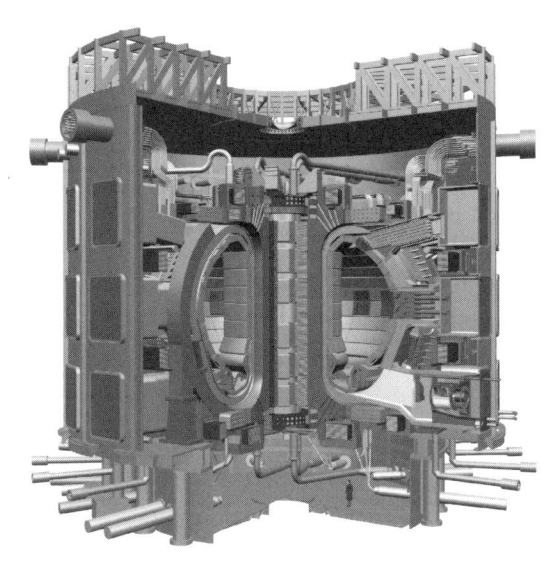

図8-7 ITER-FEATの鳥観図

核融合科学研究所で実験が進められている大型ヘリカル装置(LHD)は1998年3月31日にプラズマ点火されました。この装置ではすべてのコイルが超電導で構成されています。超電導コイルと支持構造物を極低温に保つクライオスタットの外径が13.5m、本体の全重量が約1,500tという超電導では世界最大級のシステムです。

表8-6 ITER-FEAT

核融合出力		50万kW
プラズマ半径		6.2m
プラズマ電流		15MA
トロイダルコイル	電流	68kA
	最大磁界	11.8T
中心ソレノイドコイル	電流	41.5kA
	最大磁界	13.5T

(山口　貢)

おわりに

用語としては現在も超伝導と超電導の両方が世の中で使われています。長いこと物理学などの分野では「超伝導」が、工学や産業界などでは「超電導」が使用されてきました。1986年の高温超伝導の発見を契機に用語の問題が再燃し、学術用語としては「超伝導」であるということが再確認されました。本書では、基礎に関わる第3章までは「超伝導」を、第4章からの応用では「超電導」を使用しました。

超電導技術と極低温技術は大きな進歩を遂げてきており、MRIに代表されるように社会に広く実用されるようになってきました。また、液体窒素で冷却しても超電導になる高温超電導体が発見されてから超電導技術は非常に身近な装置になってきました。小型冷凍機による伝導冷却の超電導マグネットでは液体ヘリウムの送液が不要であるし、コイルの端子を超電導状態で短絡した永久電流モードによる運転では電源が不要です。このように超電導マグネットは高度な専門技術を必要とせず産業用・民生用機器として受け入れられ易くなってきました。エネルギーと地球環境の問題、省資源などと困難な課題に直面する21世紀、超電導応用の機器はそれらを克服し夢を実現する革新的な技術として多くの分野で期待されています。

参考文献

（1） 電気学会技術報告第897号「国内外における交流超電導機器技術の現状と動向」 電気学会　2002年
（2） 山村　昌、菅原昌敬、塚本修巳、山口　貢、山本充義「超電導工学」電気学会　1988年
（3） 荻原宏康、「応用超電導」 日刊工業新聞社　1986年
（4） 村上雅人、「高温超伝導の材料科学―応用への礎として―」 内田老鶴圃　1999年
（5） 小沼稔、松本要、「超伝導材料と線材化技術」 工業図書㈱　1995年
（6） 田中靖三、「酸化物超電導体とその応用」 産業図書　1993年
（7） 船木和夫、住吉文夫、「多芯線と導体」 産業図書　1995年

■著者紹介（掲載順）

福井　聡
新潟大学大学院自然科学研究科情報理工学専攻　助教授
専門は超電導工学
メールアドレス：fukui@eng.niigata-u.ac.jp

山口　貢
新潟大学大学院自然科学研究科情報理工学専攻
工学部電気電子工学科　教授
専門は超電導工学
主な著書　超電導工学（共著、電気学会）
　　　　　超電導技術とその応用（共著、丸善）
　　　　　超電導応用技術（共著、シーエムシー）
メールアドレス：yama@gs.niigata-u.ac.jp

ブックレット新潟大学30　夢を実現する 超 伝導

2004年8月20日　初版第1刷発行

編　者――新潟大学大学院自然科学研究科
　　　　　ブックレット新潟大学編集委員会
著　者――山口　貢・福井　聡
発行者――竹田　武英
発行所――新潟日報事業社
　〒951-8131　新潟市白山浦2-645-54
　TEL 025-233-2100　FAX 025-230-1833
　http://www.nnj-net.co.jp

印刷・製本――新高速印刷㈱

©Mistugu Yamaguchi & Satoshi Fukui　Printed in Japan　ISBN4-86132-065-8

「ブックレット新潟大学」刊行にあたって

　「ブックレット新潟大学」は本冊子で30号となる。第1号のあとがきで述べられているように、この企画はもともと新潟大学現代社会文化研究科がその教育研究の一端を社会に向けて発信する目的で始められた。その後、本企画は新潟大学の各部局・分野に広がり今や新潟大学が外部に向けて自らを語る柱の一つとなっている。
　今回は「夢を実現する超伝導」と題し、山口貢教授と福井聡助教授が執筆している。経験豊かな山口教授と新進の福井助教授のコンビは本題に最適である。読者はこの小本によって、超伝導という自然科学の現象とその応用である先端技術とがいかに深く密接に結びついているかを知ることができる。そして、われわれの未来は、もちろん現代もそうであるが、科学技術に大きく依存していることを改めて認識するに違いない。この意味で、本書は単なる超伝導を記述した本であることを超えて今日と明日の人類のあり様を端的に表した一つの例であり、科学技術者の「夢」を社会の中でいかに実現し人間と融和させていくかの議論の発端ともなるものである。

2004年8月

新潟大学大学院自然科学研究科
研究科長　　長谷川富市